U0038476

反抗期

根治飼主的『苦惱』!!

柴犬的調教與飼養法

回答你如何飼育好狗狗的疑問，
一次解決你所有的問題、煩惱和不安!!

編者◎DOG FAN編輯部　譯者◎彭春美
中文版審定◎江世明 台北市獸醫師公會　理事長

漢欣文化事業有限公司
Han Shin Cultural Enterprise Co., Ltd.

前言

可以說是日本臉孔的犬種．柴犬。只有飼主才看得到的豐富表情，以及日本犬特有的性格，或許就是牠根深蒂固受人喜愛的原因吧！現在，想必牠正做為你重要的伙伴，和你一起生活著。

本書就是專為和這樣的柴犬共同生活的各位所寫的。以回答身為柴犬飼主的各位讀者的「為什麼？」、「怎麼辦？」等疑問的形式進行。一定可以解決大家目前的煩惱。希望透過本書，能夠對你和愛犬間快樂幸福的生活有所幫助。

目次

STAFF & THANKS

製作・編輯	株式會社 A.D.SUMMER'S
攝　　影	平山瞬二、沼尻年弘
內文設計	A.D.SUMMER'S、椿事務所、阿部祥子
插　　圖	宝代いづみ、重松菊乃
資料提供	日本畜犬協會 新宿區保健所 世田谷區保健所 共立製藥
攝影協力	WAN DOG
模特兒	福普 馬克思 健弐 雪

chapter 1

教養的煩惱

即使同為柴犬，
不同的性格與個性，解決問題的方法也不一樣。
你在教養上所抱持的煩惱，其原因究竟為何呢？

徹底解決教養的煩惱！但是在此之前……

飼主感到困擾的「問題行為」，對狗狗來說卻是普通的行為？

遠從上古時代開始就和日本人一起生活的柴犬。擁有充滿勇氣的眼睛和隱藏在結實體型中的鬥志，還有一旦認定主人便效忠到最後的非凡忠誠心。這樣的柴犬，可以說不論從古至今都是人類不可缺少的重要伙伴吧！唯一大相逕庭的是圍繞著牠們的生活環境。柴犬在以前的作用大多是在屋簷下防禦入侵者、守護家人的可靠看門犬，在現代則幾乎都做為伴侶犬，和人類共同生活在一個屋簷下。柴犬和人類之間的距離縮短了，關係也加深了，但是在此同時，讓飼主感到困擾的問題行為增加了卻也是事實。

只是這些「問題行為」，對柴犬來說卻是依循本能的「普通行為」。例如一發現可疑的聲響或是人影就會吠叫之類，從柴犬做為看門犬的歷史背景來看，這是理所當然的事。這些對柴犬來說的「普通行為」卻被飼主視為「問題行為」而加以斥罵、想要加以矯正，這樣絕對無法說是正確的教養方法。

首先要從「讓狗狗理解」開始

為教養的第一步，最重要的就是「讓狗狗理解」。不能因為狗狗出現問題行為就焦躁不安、厲聲斥罵。如果有100隻柴犬，就有100種不同的訓練方法。此外，就算一次教牠許多東西，狗狗也無法完全理解。請慢慢地投注關愛來進行，就當作是和愛犬深入聊天一樣，再次從頭教起吧！

目前感到困擾的教養煩惱

30 人中（可複答）

詢問柴犬的飼主 !!

人數	煩惱
15人	吠叫 !!
13人	頑固
12人	神經質
8人	無法和其他狗狗 or 人好好相處
5人	愛打架

其他

- 不聽話
- 分離焦慮
- 拉扯牽繩
- 暈車
- 偏食
- 搞破壞

etc…

想要好好建立和愛犬之間的信賴關係，有哪些方法是我也可以做到的？

說到能與愛犬建立信賴關係的飼主，你腦海中浮現的是像專業馴犬師那樣的人嗎？只是，一般人要變得像專家一樣，老實說是有困難之處。那麼，要如何才能充實與愛犬之間的信賴關係呢？首先，請從重新審視基本教養和觀念來開始吧！這件事只有身為飼主的你才能做到。要成為深受愛犬信賴的飼主，就要仔細思考自己和家人對待愛犬的方式。

「牠最愛的飼主」並不等於「牠信賴的飼主」。唯有正確的對待方法和對應方式，才能成為狗狗信賴的領導者。

1 要注意對愛犬的「過度逗弄」！?

和愛犬的接觸是很重要的，但是你知道嗎？過多的接觸可是會帶來問題的喔！

和愛犬共度的時光，不管是對愛犬還是對飼主來說，都是快樂的時光。但是，你是否曾想過，極端地逗弄、關心愛犬，反而可能會給愛犬帶來極大的精神壓力…？

如果平常就和愛犬過著形影不離的生活，一旦遇到必須獨自看家或是飼主出遠門等情況，和飼主分開的時間就會讓愛犬感受到極大的不安與精神壓力。這是因為對愛犬來說，和飼主一起共度時光已經是理所當然的了。結果就是會出現看家失敗、分離焦慮等問題。就算和愛犬一起生活，也要有讓愛犬獨處的時間才行。

KEYPOINT

如果愛犬有這種感覺的話，獨處時就會有很大的精神壓力……

2 試試看領導者散步法（leader walk）

光聽名稱好像很困難，但其實並不難做到，不妨放心試試看。
只要在散步時有意識地進行，就能改變愛犬看你的眼光。

在放鬆牽繩的狀態下散步。當愛犬不顧飼主的速度，快要拉扯牽繩的瞬間……

像要堵住愛犬行進路線般地轉身，繞到愛犬前方。就算讓牠撞上也沒關係。

往不同的方向行進，像平常那樣行走。每當愛犬想搶先往前走時，就反覆進行。

3 對愛犬的態度要保持一貫性

心情不好的時候，就對愛犬大發脾氣；心情好的時候，就允許愛犬的胡鬧……

對愛犬來說，飼主每天都不同的態度和對應方式會讓牠感到混亂，慢慢失去信賴關係。想要得到到愛犬的信賴，就要成為任何時候都能確實採取相同態度和對應方式的飼主。

KEYPOINT

對愛犬說「今天是特別的」是行不通的！因為會變成「每天都是特別的」，請務必注意。

4 絕對不能體罰

你曾有過勃然大怒而打牠的經驗嗎？愛犬會因為受到體罰而變得畏縮，或是使問題行為更加惡化……不論哪一種情形都沒有好處。要加以處罰時，請不要直接動手，而是要給予天罰，不要讓愛犬知道是飼主在處罰牠吧！

KEYPOINT

體罰不僅會破壞與愛犬間的關係，還可能會提高攻擊性！

聽說稱讚可以促進學習力，可是我家的狗狗卻對稱讚沒有任何反應。是哪裡做錯了嗎？

和愛犬一起生活時，為了要加深和愛犬的感情，「稱讚」這件事是非常重要的。

「用稱讚來飼育愛犬」──這在飼主之間已經成為常識了。只是，無法有效稱讚的飼主卻也有不少。為什麼呢？原因大多是愛犬無法理解飼主「正在稱讚」的行動，不知道自己「正受到稱讚」的關係。如果無法理解正受到稱讚這件事，就算飼主打算加以稱讚，愛犬也會露出不明所以的表情。也就是說，就算飼主拚命地想要傳達稱讚這件事，愛犬也無法理解稱讚的話語和這樣的行為有什麼意義。

在稱讚時，最重要的是時機，還有飼主的聲音大小、音調、表情和態度。不只是稱讚的話語，會讓愛犬喜愛的愉悅聲調和飼主的動作都是必要的。進行稱讚的第一步，就是飼主必須知道當自己採取什麼樣的行動時會讓愛犬覺得高興，並且了解愛犬喜歡什麼樣的事物。

首先，請試試看在家就能輕易進行的、可以傳達稱讚心情的方法吧！只要運用這個方法，再加上飼主真心稱讚的心情，愛犬一定會有回應的。

能被信賴的飼主稱讚，對愛犬來說就是最好的獎勵品。為了愛犬，請試著再次仔細思考稱讚這件事吧！

1 將「稱讚的心情」傳達給愛犬

如果不讓愛犬了解「稱讚」這件事，再怎麼稱讚都沒有意義。
將語言和行動、獎賞連結起來，告訴狗狗「受到稱讚」的意義吧！

2 「靜」的稱讚方法和「動」的稱讚方法

稱讚愛犬的動作有 2 種，分別是為了讓狗狗安靜穩定下來的「靜」的稱讚方法，以及為了讓狗狗有活力的「動」的稱讚方法。請依照情況分別使用。

3 統一稱讚的用語

要重新教導愛犬稱讚這件事時，為了方便愛犬認知，請統一稱讚的用語。「好乖、goog、好聰明、就是這樣」等等，稱讚用語有相當多種。為了避免造成愛犬混亂，家人之間最好也做個統一。待愛犬習慣後，改用不同的稱讚語也沒關係。

在教養狗狗時不需要斥責嗎？是否偶爾也要嚴厲地對牠說話會比較好？

你的「斥責」真的是斥責嗎？「體罰」和「生氣」都不是斥責喔！

進行教養時，有時斥責也是必要的。但是並不需要嚴厲地大聲斥罵。因為即使大發雷霆地對狗狗說教，也無法傳達給愛犬知道。

斥責和「用稱讚來飼育愛犬」正好相反，所以應該有很多飼主都不喜歡斥責吧！在此，不妨先從根本來重新思考「斥責」這個行為吧！最常發生的錯誤就是將「生氣」和「斥責」混為一談。乍聽之下，或許你會想「這有什麼不同？」其實這中間的差異可大了。

「生氣」是當教養不順利而煩躁不安時，聽任感情做出怒吼或是給予體罰的行為。

這就跟當愛犬如廁失敗或亂吠時，抓住牠的頸根讓牠停止的行為可說是一樣的（當然，這也會視做法而異）。「生氣」的舉動，大都會讓該問題行為更加惡化。

而「斥責」的舉動，則是為了「制止或改變愛犬現在正在做的令人困擾、有問題的行為」。其中並不帶有無謂的感情，只要給予愛犬指示，讓牠停止即可。如果沒有仔細觀察愛犬的行動是無法進行斥責的，而這也正是斥責之所以困難的原因。

首先，請思考一下「斥責」和「生氣」的不同處，想想看自己是否犯了這樣的錯誤。

此外，斥責多少會帶給愛犬厭惡刺激，所以必須注意避免形成精神創傷。實行時請一邊仔細觀察愛犬有什麼樣的反應，被罵時又會表現出什麼樣的表情和行動吧！

1 讓狗狗理解「不可以」的意思

藉由讓愛犬理解「不可以」這句禁止的話所代表的意思，
就能在任何時候讓狗狗停止行動。
請讓愛犬學習到「被罵（不可以）＝必須停止現在的行動」吧！

斥責＋厭惡刺激

前面也說過，斥責多少會給予愛犬厭惡刺激；反過來說，如果能夠善加利用，就會有很好的效果。「不可以！啊！喂！不行！」這些斥責的用語，如果再加上【可怕的表情、有威嚇性的低沉聲音、金屬音、愛犬討厭的氣味】等，厭惡刺激就會加倍。尤其是【可怕的表情、低沉的聲音】應該是最容易實踐的吧！

另外，斥責就是要讓愛犬大吃一驚。以響亮而低沉的聲音說出「不可以」的瞬間，愛犬如果嚇一跳地停止行動，就指示牠坐下，等牠穩定下來後再稱讚牠。

什麼樣的東西最適合做為教養、訓練時的獎勵品呢？

你認為對愛犬而言的「獎勵品」是什麼呢？零食？飼料？玩具？還是飼主的存在？其實不管是什麼東西，只有愛犬喜愛的，才能滿足作為「獎勵品」的條件。愛犬如果喜歡玩具，就可以拿玩具來當作獎勵品；喜歡零食，就可以善加使用零食。不過，不論是教養還是訓練，依照其目的 · 用途而異，獎勵品的使用方法也會有所不同。

首先，必須充分了解愛犬喜愛的東西，並找出可以提高其動機的獎勵品。

能夠知道愛犬喜愛什麼東西的人，就只有一起生活的飼主而已。若能將其活用在教養等方面，一定可以提高效率。

1 狗狗喜歡的是什麼樣的東西？

有香味的東西

比起用舌頭，狗狗更傾向於用東西的氣味來做判斷。
最好先知道什麼樣的東西對狗狗來說是香氣十足的東西。

咬勁適中的東西

有很多狗狗都喜歡牛皮骨或潔牙玩具等有咬勁的東西。只不過，必須注意不要讓牠延伸去亂咬其他的東西。

有美好回憶的東西

過去曾有美好回憶的東西，也可善加活用來做為讓牠喜愛的獎勵品。
如果能在稱讚、撫摸上根植美好的回憶，也能促使狗狗和飼主之間的信賴關係變得更加穩固。

1 要零食？還是玩具？

給愛玩的狗狗玩具，對玩具顯得興趣缺缺的狗狗則給予零食……可以像這樣簡單地區分。不過就如前面所述般，依照教養．訓練的目的，前者有時也可以使用零食。根據當時的目的，有效地分別使用也是很重要的。另外，教養．訓練在狗狗厭膩前就要告一段落，善加進行激勵控制吧！

2 最好的獎勵品就是飼主

不管任何東西，只要是狗狗喜歡的都可以。不過，對愛犬而言的最佳獎勵品若是飼主本身的話，這種狀況是最理想的。如果飼主的稱讚、撫摸能成為愛犬的獎勵品，教養時就不需要零食或玩具。為此，和愛犬之間必須有深厚的信賴關係。很有作為目標努力的價值喔！

將愛犬喜愛的獎勵品順序記下來

了解愛犬喜歡的獎勵品並排出順序，在教養或訓練時是非常有效的。

掌握這份名單，當狗狗挑戰不擅長的事物、初次嘗試的事物成功時，就給牠最喜歡的獎勵品。另外，如果準備有「特殊情況才會給予」的特級獎勵品，應該更能有效率地讓狗狗進步。特級獎勵品平常絕對不能給予，例如，如果是在教養經常如廁失敗的狗狗時，就僅限在如廁成功時才能給予。也可以作為「僅限訓練時使用的獎勵品」。

1		2	
3		4	
5			

※ 記下愛犬喜愛的獎勵品順序吧！

想和愛犬互看，牠卻立刻移開視線，硬把牠的臉轉過來也不行。有沒有做眼神接觸的要領？

愛犬就是不看著我的眼睛……請先試著想想愛犬不做眼神接觸的原因吧！

和飼主視線相對會讓牠想到不好的回憶，或是愛犬根本不了解眼神接觸是什麼，這些情況都是有可能的。請先讓愛犬學會「和飼主眼神接觸就會有好事發生」吧！訓練方法其實很簡單，飼主只要能養成適時又有效稱讚的習慣，就能順利讓狗狗學會眼神接觸了。

視線接觸是訓練的基礎。不論在任何場所，只要一叫名字，狗狗就會轉過頭來看向飼主——這也是所有飼主的理想。

1 有效學會眼神接觸的要領

● 不要面露可怕的表情

做眼神接觸時擺出可怕的表情，狗狗當然不想看你。一開始就要注意面帶笑容。

● 臉部不要靠得太近

臉靠得太近會給狗狗帶來壓迫感，讓牠對眼神接觸感到不安。不可以故意鬧著牠玩。

● 不要強迫訓練

眼神接觸之外的其他訓練也是如此。強迫訓練是不會有成果的。

● 不要邊叫名字邊斥責

「〇〇！不可以！」——絕對不能像這樣叫了名字後又加以斥責。

● 注意不是要牠看著零食

要注意訓練時如果狗狗不是看著你的眼睛而是看著零食，就不能給予稱讚。

2 讓愛犬理解眼神接觸是怎麼一回事

製造能做眼神接觸的狀態（在家時、愛犬集中注意力時），讓愛犬學習眼神接觸是怎麼一回事。

3 目標是不會受到誘惑的眼神接觸

等愛犬理解眼神接觸是什麼後，就要練習不受任何誘惑的眼神接觸。在各種場所進行練習也是重點所在。

經常對著客人或室內對講機吠叫。希望在對鄰居造成困擾前能想點辦法。

雖然市面上也有防止亂吠的用具，但還是請考慮以教養的方式從根本來解決問題吧！

狗狗的亂吠是最具代表性的問題行為。不管怎麼斥責都沒有意義，不管做什麼也只能在當下制止，之後反而會越來越嚴重……為這種亂吠的惡性循環而傷透腦筋的飼主應該為數不少吧！

要消除亂吠問題，必須先了解狗狗吠叫的原因，才能找出對症下藥的方法。要從根本解決問題，最重要的就是飼主本身的耐性。另外，有許多狗狗亂吠的原因就是出在飼主身上。為了避免增長愛犬的亂吠行為，飼主也要一邊重新檢視自己的行為和態度，以解決愛犬的亂吠行為。

向專業的訓犬師或是可到家中進行教養訓練的指導員請求協助，也是解決問題的捷徑之一。

1 對狗狗來說並沒有「亂吠」這件事

對狗狗來說，並沒有所謂「亂吠」這件事。背後一定有某些理由。請先試著想想原因是什麼吧！

● 不安

當對某些人事物感到不安時就會吠叫。尤其常見於個性纖細敏感的狗狗，置之不理時很容易惡化。

● 索求

想要索求什麼時就會吠叫。當想和最喜歡的狗朋友玩、想要吃飯或吃零食、希望飼主有所反應時就會吠叫。

● 脅迫

這是要威嚇對方而出現的吠叫。分成具有攻擊性的吠叫，以及站在安全處想把對方趕跑的吠叫等兩種。

● 疼痛

如果一摸身體就吠叫的話，很可能是受傷了。吠叫聲也會不一樣，應該很容易分辨。

● 防衛

為了保護自己和家人所出現的吠叫。也可能是狗狗把自己當成是家族的領導者了。

● 攻擊

想要攻擊討厭的對象、感情不好的對象時所出現的吠叫。通常眼神和耳朵的狀態也會有明顯的不同。

2 以「汪！」制「汪！」

**反過來利用愛犬的吠叫來教導狗狗吠叫的指令和中斷吠叫的指令。
以訓練的形式來進行，
應該可以改變狗狗對吠叫的態度。**

用遊戲等讓愛犬玩得興奮，製造愛犬容易吠叫的狀況。

當愛犬好像要吠叫了，就給牠「汪」的指令。反覆進行數次。

接著，在愛犬吠叫時說「噓」。如果愛犬停止吠叫就馬上稱讚牠。

反覆進行，直到愛犬學會指令為止。目標是在愛犬實際吠叫時，只要一說「噓」就能讓牠靜下來。

3 會助長狗狗亂吠的飼主的行為

**來想一想飼主經常做的可能會助長狗狗亂吠的行為吧！
想要消除愛犬的亂吠，或許也該試著重新檢視一下自己的行為。**

抱起愛犬讓牠停止

雖然會依愛犬的性格而異，不過也可能會讓狗狗認為自己受到保護而叫得更厲害。

拉扯牽繩

拉扯牽繩的行為很容易會讓狗狗誤以為飼主是在為自己加油。

大發脾氣

情緒性地大發脾氣幾乎毫無疑問會讓情況更加惡化。為了避免惡性循環，即使再怎麼焦躁也不能生氣。

用零食讓狗狗安靜

給予吠叫的狗狗零食好讓牠不再吠叫。這樣會讓狗狗學到一叫就能獲得零食，使得情況更加惡化。

過度反應

飼主的過度反應在愛犬眼中是快樂、加油的表現，會讓狗狗變得更想叫。

給予打罵等體罰

在狗狗的教養上是不需要體罰的。這會讓任何問題行為變得更加惡化。

4 會對訪客吠叫、低吼

從來訪的客人到宅配送貨人員，狗狗經常會對侵入者吠叫。
慢慢讓狗狗習慣，多花一些時間來改善吧！

準備特別的零食

準備只有客人來訪時才能獲得的、平常吃不到的特別美味的零食。應該可以藉由零食的印象，大幅改變狗狗的觀念。

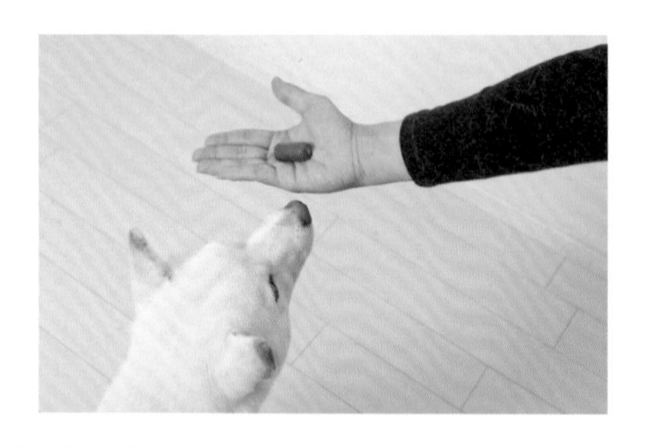

友人・配送人員的協助

請友人・配送人員協助。先在玄關處準備好零食，請來訪的人進行餵食。飼主如果不說出口就無法開始，這一點就要靠飼主的努力了。

讓狗狗習慣來訪的客人

最簡單平實的方法，就是讓愛犬慢慢地學習到「這個人是無害的」。剛開始時請客人不要摸狗狗，也不要和狗狗互看。用零食讓狗狗慢慢習慣後，再讓客人接觸狗狗。可以請親戚或附近的飼主朋友們協助，定期性地實行。

先請要給狗狗零食的客人眼睛不看愛犬地坐在稍遠的地方。

將零食扔到客人附近，促使愛犬自己走過去。

等愛犬接近後，請客人拿零食給牠。這時不要看狗狗的眼睛，只伸出手拿給愛犬即可。

反覆數次，等狗狗習慣後再碰觸牠的身體；等牠習慣被碰觸後，就可以撫摸牠。請許多不同的人反覆進行，讓狗狗逐漸習慣。

5 會對著對講機（聲響）吠叫

即使從全部犬種來看，這也是很常見的煩惱。不過，如果能慢慢地讓狗狗累積經驗，就可加以消除。這種方法也可以應用在對任何聲響吠叫的情況。

對講機的聲音＝坐下

對講機一響起，就在瞬間反覆指示狗狗坐下・等待，進行將對講機和坐下連結起來的訓練。只要同時下達等待的指令，亂吠的情況就會比較好控制。要讓對講機響起，最好有家人或友人的協助（也可以利用錄音）。

對講機響起的瞬間，可以的話，請在狗狗吠叫前用零食吸引牠的注意。

讓牠看見最喜愛的零食，指示牠「坐下」，直接進行「等待」。在狗狗快要吠叫時，重複發出等待的指令。

KEYPOINT

愛犬每次快要東張西望時，就要叫牠的名字吸引牠的注意。

如果狗狗能夠安靜，就給牠零食。就算狗狗只叫了一聲，也不能給予零食。

對講機的聲音＝上天的恩惠

這是讓愛犬認為「對講機一響起，就有零食掉下來……這是上天的恩惠！」的方法。最重要的一點是，不能讓狗狗知道零食是飼主扔下來的。最好的方法就是設置個一拉繩子零食就會掉下來之類的機關。

背對著愛犬，避免和愛犬視線相對。請朋友按響對講機。

在對講機響起的瞬間將零食投向愛犬。投在愛犬前方更佳。

KEYPOINT

重點在於如何不被發現。請多用心思找出自己的方法吧！

如果能夠不被狗狗發現地反覆進行，當對講機響起，狗狗就不會吠叫，而會坐著等待上天的恩惠。

希望解決如廁失敗的問題。有沒有我也能輕易做到的方法？

如廁教養是所有飼主都必須通過的教養通達之門——這樣說並不為過。萬一無法好好上廁所，不僅飼主的壓力會很大，愛犬也是一樣。

說起來，狗狗本來就沒有在同一個地方上廁所的觀念。教導愛犬明白廁所就是可以尿尿的地方，是飼主應盡的責任。如廁失敗的原因，大多出自於飼主的態度和對應方式。請從基礎開始好好地復習，有耐心地教導吧！

最好要在幼犬時期就讓狗狗學會上廁所。只要從小就讓牠能聽從飼主的指令上廁所，之後就會很輕鬆。

1 讓狗狗能聽從指令小便

這是用一個指令發出如廁指示的訓練。建議最好從幼犬時期即採用這個方法。那麼，對成犬難道就沒有辦法了嗎…？其實不然。就算是成犬後才開始，還是能充分讓牠學會。只是，這個方法最需要的就是飼主的耐性。如果是從零開始，狗狗是無法馬上記住的。請慢慢地、確實地進行訓練吧！

還有，這個方法也同樣可以活用在讓愛犬上大號的時候。請先讓愛犬學會小便後再去挑戰吧！

不管是在室外還是室內小便，在狗狗尿尿時都要持續對牠發出事先決定好的「小便指令」。

2 了解正確的時機

狗狗上廁所的時間在某種程度上是固定的。起床後、用餐後、玩耍後……依照狗狗的習慣，或許還有些想上廁所的時間是只有飼主才能察覺到的。請將狗狗上廁所的時間記錄下來，先記住某些特定的時段吧！掌握愛犬想上廁所的時機帶牠去廁所，並配合指令訓練來練習吧！

KEYPOINT

用餐後・起床後・運動後等等，找出愛犬的如廁時間吧！

3 絕對不能發脾氣！

如廁訓練最大的忌諱就是對狗狗的失敗發脾氣。這種脾氣通常都是因焦躁而來的，大部分的情況與其說是斥責，倒不如說是一種宣洩情緒的生氣。請不要斥責狗狗的失敗，而是要在狗狗成功時給予讚美。請重新思考一下，有耐性地進行教導吧！

有耐性地不斷重複後，只要一聽到小便指令，狗狗就會開始想上廁所。

估計好時機，誘導狗狗到想讓牠排尿的地方，說出指令。

狗狗順利完成時就要給予稱讚。若能確實記住指令，不論何時何地就都能順利上廁所了。

家裡的狗狗很不喜歡自己看家。有沒有能夠抑制那種悲慘叫聲的方法？

狗狗不喜歡獨自看家的原因大多是「不想和飼主分開」、「不想獨處」。而牠之所以會萌生難以和飼主分開的這種情緒，原因就在於飼主身上。如果在平常的生活中一天到晚逗弄愛犬的話，狗狗當然會變得不喜歡獨自看家，而這也是帶給愛犬極大壓力的原因。請重新檢視平常的生活，仔細思考一下吧！

1 過度反應是最大的原因

留愛犬獨自在家時……因為要長時間讓狗狗看家，往往在不知不覺中就會變成冗長的道別，像是「你要乖乖的喲，我一下下就回來了。」之類。飼主這樣的行動，別說是讓愛犬產生「請慢走」的心情了，更容易帶給愛犬「啊！接下來要自己看家了……怎麼辦？」的不安。

要讓愛犬獨自看家時，飼主安靜、悄悄地出門才是基本。甚至回家後也不要立刻和愛犬打招呼，稍隔一段時間（約 15 ～ 30 分鐘），等愛犬沉穩下來後再和牠說話。此外，日常生活中就要製造和愛犬保持距離的時間。剛開始時就算只有幾分鐘也沒關係。總之，請一點一點地製造不和愛犬膩在一起的時間，這樣做應該就能減少許多狗狗自己看家時的壓力了。

「我馬上就回來，你要乖乖等，不可以亂叫哦！」──像這種誇大的「道別」，對愛犬來說就如同「分別的儀式」。外出、回家時都要保持安靜地不逗弄牠，就是避免愛犬看家時產生壓力的最好辦法。

2 獨自看家的練習

也可以藉由訓練來減少狗狗獨自看家的壓力。
這是平常做家事的空檔或假日、回家後都可以進行的方法。

假裝要外出，整裝打扮，走出房間。也可以在狗狗面前拿鑰匙或換衣服。

預先將愛犬關入圍欄等看家的空間裡。儘量在狗狗吠叫之前……

就回到房間內。即使愛犬好像很興奮地迎接你，也不要理牠。

就這樣安靜地度過。等狗狗習慣後，再一點一點拉長走出房間的時間。

3 獨自看家＝快樂的時光

有個方法能讓獨自看家的時間轉變成快樂的時光。這個時候要準備的就是抗憂鬱玩具或可以啃咬的益智玩具了。如果能讓狗狗學習到「獨自看家＝可以得到裝有零食的玩具」的話，讓狗狗愛上獨自看家也不再是夢想了。請先在日常生活中，就讓狗狗對益智玩具或抗憂鬱玩具產生喜愛的印象吧！

KEYPOINT

通常狗狗不會立刻就愛上。請慢慢地實踐有效的玩具給予法吧！

4 看家時的食糞行為及惡作劇的對應法

狗狗看家時的食糞行為和惡作劇（破壞行為等）也是飼主常見的煩惱。對於這些問題，保持一貫地漠視，在愛犬沒看到時加以清理是鐵則。一旦發脾氣，只會讓這些行為更加惡化。但若愛犬患有重度分離焦慮的話，可就不能這樣處理了。不妨和獸醫師商量看看吧！

KEYPOINT

也可能是有心理疾病……

散步時，愛犬老是想要自己走自己的。請教我可以控制散步的方法。

柴犬只要有過一次隨心所欲地行動，就有加強反覆那樣做的傾向。在散步中，如果讓牠想做什麼就做什麼，日後可能就會重複發生。

愛犬拉扯牽繩的壞習慣越是惡化下去，就會越難以矯正。就跟停住不動的壞習慣一樣，還是儘早用心因應會比較好。請從基礎開始不斷地復習來加以克服吧！另外，最好從平常的散步就要注意，避免經常任由愛犬自由行動。

說到養狗時的憧憬，就是和愛犬散步了。為了避免「不應該是這樣……」的情況發生，必須要擬定對策才行。

1 拉扯牽繩的壞習慣會引發意外

狗狗用力拉扯繩子不斷往前走的散步模樣……這情景，真不知道狗狗和飼主到底是誰在帶著誰散步？幼犬時，拉扯繩子的模樣或許很可愛，但長成成犬後力氣會倍增，拉扯牽繩的壞習慣就會變成問題行為之一。

狗狗突然用力拉扯的力量是很驚人的，女性的力氣可能無法抵抗。假使此時一不留神讓牽繩離了手，會變成什麼樣的情況呢…？如果有車子過來了呢？如果愛犬讓不喜歡狗的人受傷了呢？如果狗狗們開始打起架來了呢？像這種讓人不安的因素非常多。最好的方法就是儘早矯正了。

KEYPOINT

考慮萬一時的情況是飼主的責任。在情況變得難以控制前就要先想好對策及解決方案。

2 對停在現場不動的頑固狗狗……

飼主一朝愛犬不想去的方向前進，狗狗就突然停住不動了。如果這個行為是有原因的，就必須採取其他的解決方法，但若愛犬只是想要去自己想前進的方向，飼主就不能讓步。

想要前進，愛犬卻停住不動了。如果用力拉還是不想走，就不要勉強拖行，冷靜地處理。

不可將散步的主導權讓給愛犬。給愛犬看零食，誘導牠走到飼主旁邊。如果確實做到了，就稱讚牠。

有耐性地反覆這樣做。紮實地做好「跟隨」的訓練是非常重要的。

3 注意牽繩的拿法

散步時，如果老是放長牽繩的話，愛犬就會一直想要往前走，可能會更用力地拉扯。平常就要養成牽繩儘量鬆鬆地握短的習慣，這樣會比較容易控制愛犬。

4 在家裡做跟隨的練習！

最簡單而最確實的方法，就是徹底做好「跟隨」的訓練，而且還要讓愛犬樂在其中。就算不喜歡到外面散步，也可以在家裡練習。戴上牽繩和項圈，等狗狗能在家裡做好跟隨後，再慢慢向戶外挑戰看看。

KEYPOINT

沒有確實地練習就不可能成功。就算只有短時間，也要每天重複練習。

不管是在外面還是在家裡，任何掉在地上的東西都會撿去吃。請教我矯正的方法！

這是將掉在地上的東西吃下肚的撿食習性。任何東西都狼吞虎嚥地吃進肚子裡，對愛犬的身體也不好。「我家的狗狗可是什麼都吃喲～」請別把話說得這麼輕鬆，因為這是在意外發生之前就應該處理的嚴重問題。

想要矯正撿食的習慣只有一個方法，就是施行讓狗狗不受任何掉落物誘惑的訓練。不妨來做在家中就能進行的訓練吧！

另外，為了在狗狗一不小心將東西吃進去時能馬上因應，最好預先做到能將手伸入愛犬的嘴巴裡。只要當作刷牙練習般每天進行，愛犬就不會拒絕飼主將手伸進自己的嘴巴裡了。

「啊！糟了！」當你這麼想時已經太遲了，愛犬早就已經咕嚕一口吞下去了！還露出似乎很美味的滿足表情……撿食的習慣若置之不理的話，真不知道牠會吃下什麼東西呢！

1 撿食是萬病之源!?

前面已經說過，一旦養成撿食的習慣，散步時只要聞到好像很美味的東西，狗狗就會把它吃掉。即使那東西是腐敗的、有毒的，甚至是動物的屍骸……吃了那種東西，身體會不舒服也是當然的。或許你會想：「我家的狗狗才不會那樣做……」但其實只要狗狗有撿食的可能性，就無法這樣斷言。

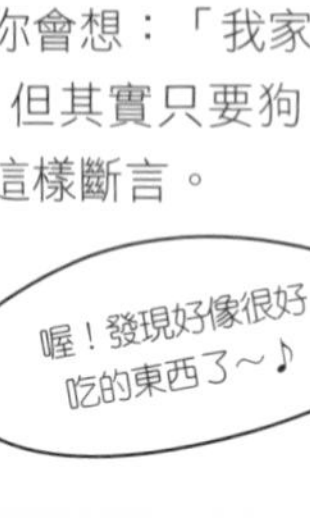

2 總之要多注意四周

經常可以看到有飼主邊玩手機邊散步之類的情景，不過若是和有撿食習性的狗狗一起散步，可就不能這麼輕鬆了。請好好注意愛犬及其周圍，以免發生「 不小心吃下去」的情形。

KEYPOINT

預防就是最佳對策。特別是經過餐飲店前的時候更要注意。

3 注意飼主自身的反應

當發現愛犬撿食時，萬一做出「啊！不可以！」之類的過度反應，愛犬會變得因為想要看到這樣的反應而反覆做出撿食行為。請不要反應過度，冷靜地處理吧！

吃下去瞬間的處理方式非常重要。請冷靜應對，不要大聲喝叱。

4 不受誘惑的訓練

這是在家就能進行的防止撿食的訓練。在家中充分練習後，也可在戶外練習，讓狗狗不管在什麼地方都能不受誘惑。

面對著愛犬，將誘惑物放在愛犬面前，讓愛犬知道那邊有誘惑物。

用「過來」的指令呼喚愛犬。如果愛犬想走向誘惑物，就以「不行」的指令讓牠停止，或是用牽繩控制，絕對不能讓牠吃到。

如果愛犬乖乖來到飼主身邊，就給予準備好的獎勵品。最好是愛犬最喜歡的獎勵品。

家裡的柴犬不喜歡陌生人·陌生狗。請教我盡可能解決這個問題的方法。

雖然並非僅限於柴犬的問題，只是在柴犬的特性上，或許有許多狗狗都有嚴重怕生的傾向。

不喜歡陌生人·陌生狗是任何犬種都可能發生的問題。原因·要因雖然形形色色，不過若一直放著不管，問題就得不到解決。

如果不喜歡是因為幾乎不外出，也很少和其他人·狗狗碰面的話，就沒必要強行解決問題。但是，只要增加散步的機會，或是增加和人接觸的經驗，那麼就算是從現在才開始，也一定有辦法解決的。

當愛犬處在討厭陌生人·陌生狗的狀態時，一旦突然跟誰碰面，可能就會讓牠承受極大的壓力。從這一方面來看，也還是要想辦法解決這個問題會比較好。

1 那是柴犬特有的問題？還是……

柴犬特別不喜歡陌生人·陌生狗。一般認為這原本就是日本犬的特性，也是沒有辦法的事情。事實上，柴犬無疑是對飼主和家人忠實又抱持深刻服從心的犬種，也是因為這樣的本質，才會對初次見面的陌生人或其他狗狗出現保持距離相處的傾向。

就結果而言，說這是柴犬特有的個性或許並非言過其實。只是，現今的社會到處都會遇到人和其他狗狗，還是不要讓牠這麼怕生會比較好。

最好的方法，就是在幼犬時讓牠充分地學習社會性。幼犬時候的經驗會成為一輩子的寶藏。如果是成犬，雖然會比幼犬花費時間，不過同樣地藉由學習社會性也可以減輕對人·狗怕生的情況。請一點一點地慢慢讓牠習慣吧！

2 對人・狗怕生的各種原因

為什麼不喜歡陌生人呢？為什麼不喜歡其他狗呢？
原因不只是在狗狗身上，也可能是在飼主身上……

社會化不足

認為愛犬不喜歡和其他人狗相處，就讓牠處於「閉關在家」的狀態，這樣是不行的。愛犬無法習慣外界的環境，當然會變得更怕生。讓牠累積各種不同的經驗是很重要的。

有精神創傷

過去如果曾經有過恐懼的體驗，就會變得不願意接近該對象。和他人或其他狗狗接觸時，飼主也要充分注意，避免造成精神性創傷。

飼主本身有無問題？

飼主本身如果不行動，就無法改善愛犬怕生的問題。還有，過度保護愛犬，也會讓牠失去習慣的機會，須注意。

3 花時間讓牠逐漸習慣

要讓愛犬逐漸習慣人，只能反覆進行給予零食，或是相處在同一空間的方法。如果要讓愛犬習慣其他狗狗，不妨先從帶往狗狗較多的公園，從遠處眺望開始吧！等牠習慣後，再一隻一隻地讓牠接觸吧！

4 禁止強迫

在尚未習慣的階段，絕對不能強迫牠去接近其他人或狗狗，否則會讓現狀更加惡化。還有，也不可以讓初次見面的對象突然就靠過來。請告知對方自己正在矯正愛犬怕生的問題，如果可能的話，或許也能請對方協助讓狗狗習慣。

一遇見別的狗狗就好像要打架的樣子……為了防止意外發生，是否有方法可以解決牠愛打架的問題？

想打架嗎？

雖然是任何犬種都可能發生的問題，但既然養狗了，還是希望愛犬能和其他狗狗好好相處……可是，該怎麼做才好呢？

在散步等時，偶爾會看到對狗或對人採取挑釁行為的狗狗，讓身為飼主的人嚇出一身冷汗。這樣的行為如果成為習慣，説不定會發展成更嚴重的問題……這種情況最好還是不要發生比較好吧！

然而實際上的問題在於，這樣的案例幾乎都是光靠飼主一人難以應付的。就算當時好不容易過關了，想從根本矯正，還是需要花費相當的時間。由於飼主必須經常保持在警戒狀態，因此每當外出時就會產生極大的精神壓力。在問題變得比現在更嚴重之前，尋求專家的協助也是非常重要的。

1 想一想原因是什麼吧！

愛犬為什麼會有那種舉動呢？
仔細想想原因，就是解決問題的線索。

社會化不足

在幼犬時期和其他狗狗或人類、動物之間有多少接觸、受了多少刺激等，都會影響狗狗的性格。這是飼主不積極行動就無法獲得的財產。

飼主的體罰

體罰過於嚴厲時，愛犬為了自保，就會出現不管對象是誰，都會變得具有攻擊性的傾向。如果你還有「狗狗要打才會聽話」的想法，請立刻改正過來吧！

領導權

如果能和愛犬建立信賴關係，讓愛犬認為飼主是領導者的話，任何問題都不易發生。平常愛犬的視線也會集中在飼主身上。請成為讓愛犬引以為傲的領導者吧！

表現出過度的反應

飼主反應過度，看在愛犬眼中是很有趣的事，於是就會更想採取現在的行為。不要用誇大的聲音或動作來制止，不妨採取冷靜地離開現場等對策。

2 防止糾紛的預防對策

只要愛犬的行為沒有矯正過來，
飼主就要以避免引起糾紛為大前提。

不要疏忽愛犬的小變化

當愛犬在外面碰到其他狗狗時，只要牠想上前挑釁，身上一定會出現不同的變化。例如一直盯著對方猛瞧，或是身體僵硬等……飼主只要一發現變化，就安靜地帶牠離開現場吧！

儘量不前往有許多狗狗聚集的場所

或許有人會說「這樣不是很無趣嗎？」不過，帶著想打架的愛犬到狗狗運動場等處，也未免太魯莽了。當有不安因素存在時，避開這類場所也是一種禮貌。

就算開始習慣了，也要繫上牽繩才能進入狗狗運動場，多費心思加以預防。

3 找專家商量

找專家商量，和對方一起解決問題也是非常有效的方法。
有分為來家中教導和去教養教室上課等不同的方式，請選擇適合愛犬和自己的方式吧！

詳細說明現狀

想要矯正愛犬令人困擾的行為，這種態度並不可恥。請毫無保留地說明愛犬在何時會發生怎樣的行為，和專家討論如何解決問題吧！

來訪或是前往

是要請指導者到家裡來進行訓練？還是飼主要前往指導者處進行訓練？不妨找出適合自己的生活方式的方法吧！

一起學習

經常聽到的是「交給專家處理，矯正後再帶回家」──這種想法100%是錯誤的。在專家處，愛犬可能會學習到什麼樣的行動才是正確的，不過，只管把狗狗交出去的飼主若是無法理解該訓練的內容，就沒有意義了。飼主自己也必須一起學習該訓練方法，努力地實行。光是把愛犬託管一個禮拜，是無法立刻矯正問題行為的。

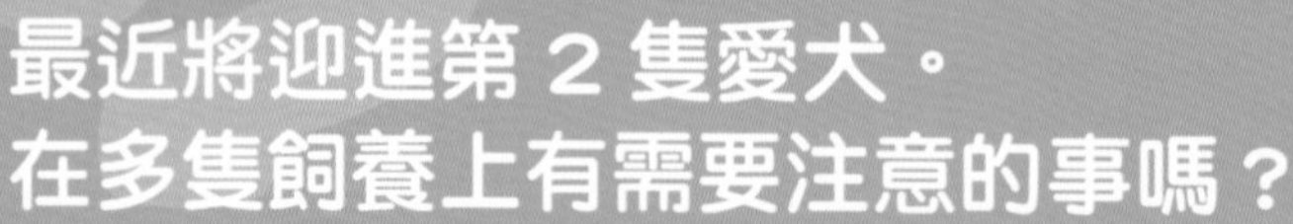

最近將迎進第 2 隻愛犬，在多隻飼養上有需要注意的事嗎？

每隻柴犬都有自己的個性，而且只讓主人看見自己豐富多樣的表情。因為有想要守護做為飼主的主人、家人的傾向，所以在帶回第 2 隻狗狗後的剛開始，可能會持續一段相當困難的時期。從這樣的觀點來看，應該無法説是非常適合多隻飼養的犬種吧！只是，柴犬的性格和氣質，還是會隨著飼主的教養程度而改變。請下定決心，和家人一起進行教養吧！

要再迎進新幼犬時，因為幼犬也有各種不同的個性，最好迎進具有協調性的，或是個性乖巧的幼犬。飼主必須明確掌握家中的規則，做對了就稱讚，該斥責的時候就斥責。賞罰分明，注意避免鬆散隨便的飼養方式。幼犬過度執拗地糾纏玩鬧時，飼主也不要冒然介入，而是要由先住犬來加以斥責。

飼養一般認為比較合得來的異性組合時，只要不是以繁殖為目的，最好都先讓狗狗完成去勢和避孕手術。因為在狗狗的發情期或生理期中，彼此都會產生壓力，因此建議儘早採取對策。

還有，迎進新狗狗這件事，是足以一下子就破壞並改變先住犬先前生活節奏的事。雖然也會依先住犬的性格而異，但是最好不要從到家的當天就讓牠們在同一個房間內生活，而是要花 2 個禮拜的時間讓牠們慢慢熟悉對方。

既然要多隻飼養，當然希望先住犬也能快樂！只要記得最低限度的要領和對先住犬的照顧，應該就能實現。什麼樣的狗狗能和先住犬合得來也是很重要的。請理解柴犬的特性，仔細思考後再判斷吧！

1 在迎進新狗狗前，請再度考慮看看

在迎接新狗狗到來前，有許多方面都要想清楚。除了以下列舉的事項之外，請先確認是否會對你和愛犬造成負擔，之後再來考慮吧！

經濟上和時間上充裕嗎？

養狗是花錢的事。飼養的隻數一增加，可能就會有 2 倍以上的花費。此外，也要對愛犬投入更多的時間。請考慮自己的生活模式，仔細評估後再決定吧！

環境上有沒有問題？

即使是在允許飼養寵物的公寓大為增加的現在，仍有相當多的公寓會限制飼養隻數。請再次確認現在居住的公寓情況為何。事先預防和鄰居間的糾紛也是很重要的。

先住犬的教養？

請先完成先住犬最低限度的教養吧！先住犬的問題行為會影響第 2 隻狗狗，讓惡性循環更難中止。有需要的話，也可以到教養教室等，接受專家的建議。

先住犬的健康管理如何？

在迎進第 2 隻狗狗前，要先確認先住犬的身體狀況。迎進第 2 隻狗，會對先住犬造成極大的壓力，如果在先住犬身體不適的狀態下迎進新狗狗，後果可想而知。此外，在迎進第 2 隻狗狗後，也要好好地進行健康管理。

❷ 依先住犬的性格和年齡來挑選新來的狗狗

以先住犬為準，仔細挑選接下來的新狗狗是飼主的義務。
請理解先住犬的性格，幫牠尋找合得來的狗狗吧！

1 最喜歡遊戲，好奇心旺盛

好奇心強的狗狗，比較容易找到投緣的伙伴。選擇第2隻時，只要挑選能夠和其他狗狗和睦玩耍的狗就可以了。反之，就算其他狗狗正在玩，牠好像也事不關己地待在角落的狗，先住犬的存在可能會讓牠產生壓力，最好儘量避免。

2 溫和的大姐氣質型

如果是和任何狗狗遊戲時，都能好好照顧對方、凡事退讓的先住犬，不管任何類型的狗狗都比較容易接受。唯一要擔心的是，對於新來狗狗的逗弄或啃咬也可能會有忍耐的傾向，或許會產生類似育兒神經衰弱般的壓力，要多加注意。

3 我行我素、溫和乖巧

對於悠悠哉哉、我行我素的先住犬來說，比起強烈表現出「來玩吧！來玩吧！」的狗狗，建議選擇同樣我行我素的狗狗為佳。相較於個性活潑、需要長時間玩耍的犬種，選擇像西施之類較為悠閒的犬種應該會比較適合。如果雙方都能悠哉度日，就能建立起良好的關係。

4 有點膽小、畏縮不前

有點膽小的狗狗大多擁有敏感的性格，就算自己想做什麼也不會去做。如果是這種性格的先住犬，就要儘量迎進溫和穩重的狗狗。因為個性敏感之故，如果只理會剛進來的狗狗，牠很容易會嫉妒吃醋，所以要好好關心牠。

5 會吠叫、咬人、具有攻擊性

老實說，在這種狀態下要迎接第2隻狗，實在很困難。可以想像這種問題行為也會傳染給新來的狗狗，變成惡性循環。這樣的話，一般都會變得很難處理，徒增煩惱，也可能會成為彼此的壓力。無論如何都要迎進其他狗狗時，最低條件是要先確實審視先住犬的教養。

6 個性活潑、精力充沛

對於好動且身體強健的狗狗來說，同樣能夠長時間玩耍的狗狗是最好的。想迎進不是柴犬的犬種時，要注意的是體格上的差異。迎進的狗狗如果是大型犬，長大後在遊戲時不慎踩踏到的例子也不是沒有。請儘量選擇體格差異較小的犬種。

7 剛邁入高齡期的老犬

如果是剛成為老犬的先住犬，因為身體漸漸無法自由活動，往往比較容易產生壓力，迎進過度頑皮的幼犬並不適合。雖然偶爾也有在迎進幼犬後重拾年輕活力的狗狗，不過還是要視時期和性格，慎重地選擇。

8 出生未滿半年的幼犬

迎進幼犬後不久，隨即又迎進新犬的家庭也不少。我們可以說狗狗年紀越小，就越容易多隻飼養。判斷性格也很重要。不過，若是正值反抗期或是教養還不充分的話，第2隻狗狗也可能會模仿先住犬的壞習慣，請多注意。

3 消除對多隻飼養的不安

在此要介紹多隻飼養時經常發生的煩惱和不安，
在迎進新來的狗狗前，請儘量解除這些不安要素吧！

性別應該加以確認嗎？

最不易發生問題的性別組合，就是選擇和第 1 隻狗狗不同的性別，也就是異性的組合，其次才是都為母犬的組合；最容易發生問題的就是同為公犬的組合。如果同為公犬，年齡又相近、沒有去勢、體型也差不多、對東西都很執著時，幾乎可以說一定會在家庭內發生糾紛。尤其是第 2 隻狗狗年紀超過 6 個月時（迎向性成熟期前後），一般認為是最容易發生糾紛的時期。即使是之前從未反抗過先住犬的狗狗，也會以這個年紀為分界，開始想試試自己的力量（這和兄弟、父子等有沒有血緣關係無關，幼犬成熟後，即使對方是父親或兄弟，也會上前挑釁）。

和先住犬相同的犬種是否比較好？

答案會依先住犬的性格而有不同。如果是活動性高、自主性強、有魄力型的先住犬，建議可選擇表現出相同的遊戲及行動模式的犬種。有這種先住犬的家庭，第 2 隻狗狗若是迎進沉穩性格的西施犬、北京狗，或是不喜歡受到糾纏的吉娃娃、蝴蝶犬等犬種，很可能會發生問題。先住犬如果是大方、溫和的個性，或是不管體型大小，具有高度社會性、愛玩的狗狗，那麼即使迎進的是體型和性格都完全不同的其他犬種，也不會有太大的問題，應該能和第 2 隻幼犬相處融洽，好好照顧牠。

第 2 隻狗狗會模仿先住犬嗎？

是的。即使是生後才 2 個月大的幼犬，也會藉由觀察其他的狗來記住指令，或是學習家中的規則。可惜的是，牠不只會學到好的事情（對飼主而言），也會學習到不好的事情。先住犬如果會在散步中看到其他狗狗就吠叫、在家中隨地便溺，或是有破壞行為的話，新來的幼犬也會有相同的行為。反之，如果先住犬有很好的教養，就算飼主不教，先住犬也會教牠大半的事情，因此飼主可以落得輕鬆。要說「養第 2 隻一點都不費事！」，應該得歸功於先住犬的好教養吧！

打架時該怎麼辦？

最大的前提就是不製造讓牠們打架的狀況發生。若是任由牠們打架的話，就連以前不是問題的小事也會引發牠們打架。「讓牠們徹底打一架，只要能確立上下關係，就不會再打架了！」──有些人會有這種彷彿迷信般的觀念，其實這是很危險的想法，因為現代的狗狗已經和狼不一樣了。即使小心注意了，若狗狗還是打架時，請勿空手加以制止，否則 100％會受傷。可以對著狗狗的口吻部潑醋或潑水、弄出巨大的金屬聲、用大塊布等來遮住狗狗的視線等，視當場可以用的東西來制止打架。

我想試試參加「狗展」……

只要是有養狗的人，應該都聽過「狗展（Dog Show）」這個名詞吧！不過，大多數的人都認為那是難以接近的另一個世界，卻也是事實。

實際上，即使有養狗，不太清楚狗展是什麼的人也很多。經常可聽到「那是繁殖者的世界吧？」、「是類似選美比賽的東西嗎？」、「要看狗狗的什麼地方呢？」等疑問。就連置身於狗狗世界的人，也並非全都和狗展有關係。在寵物美容室和寵物店工作的人，大部分也都不會參加狗展。

那麼，狗展真的只是某些特定人士的世界嗎？

狗展是非常有趣的！

就現狀來說，這個問題可能很難回答。因為對繁殖者或專業指導手來說，那是非常重要的世界，而且也有各種不同的看法。

的確，日本的狗展若與國外相比，或許愉快的氣氛是少了一點，不過作為一種和愛犬同樂的消遣方法，也可以在旁觀戰，為朋友的柴犬加油，或是在狗展中由自己親自指導等，以這種積極參加的方式來樂在其中。

對於從來不曾實際看過的人，不妨也到比賽會場觀賞一次看看。因為不去看的話就無從了解。除了盛夏（7月、8月舉行的比賽幾乎都是在東北或北海道舉行的）之外，每個週末在日本各地都會舉行狗展（這裡指的是日本國內最大的日本畜犬協會舉辦的比賽。但是，日本犬另有日本犬保存會，柴犬的參加隻數會比JKC還要多）。尤其是冠上「FCI」的比賽，不但出場的狗狗隻數多，平常難得一見的犬種或是只能在犬種圖鑑上看到的犬種也會前來參展。對於愛狗人士來說，會覺得好像來到「動物園」一樣有趣。沒錯，就以到動物園的感覺前來吧！隻數次多的是「聯合展」、「CLUB展」。除此之外，也有由單獨犬種協會舉辦的「單獨展」。

在會場中，可以先從自己有興趣的柴犬開始看。逛逛會場，可以看到各種不同的犬種；即使是相同犬種，也有不同的被毛顏色和體型大小，能夠享受狗狗各種變化的樂趣。還有，在賽前準備場可以看到狗狗們正在為出場做準備，也可以看到柴犬是如何進行美容作業，讓狗狗變得時髦又漂亮的。應該會加強你想更進一步了解狗狗的心情。

說起來，狗展往往被認為是比賽輸贏的世界，的確，這是佔了絕大部分，但其實，它本來是繁殖者將視為個人「作品」的狗狗，交由評審判斷有多符合標準範圍的活動。而自家的柴犬有多符合標準範圍呢？你也可以前去讓人評審看看。也因此，必須要某種程度地了解柴犬的標準才行。還有，指導方面要如何進行？是由自己指導，或是拜託專業指導手？要考慮的事情非常多，而這些也都是樂趣之一。

向指導挑戰看看

不管是狗狗訓練或是在動物醫院做保定，我們將控制狗狗行動的人稱為「Handler（管理者）」；而在比賽會場，指導狗狗做出屬於該犬種美好動作的人則稱為「Show Handler（秀場指導手）」。秀場指導手有2種，一種是以此作為職業的專業人士，另一種則是由飼主自己來擔任。

專業人士雖然各有自己擅長的犬種，不過對所有犬種（All Breed）也都能指導。這是由飼主們將狗狗長期或短期地交由專業人士託管，待養成出場比賽所需的條件後，再視時機出場。

那麼，專業和業餘又有什麼不同呢？

	託付專業	飼主自行指導
優點	·在狗狗的管理上，會以專業的角度來考量。 ·會徹底實行身體鍛鍊（肌肉等）和被毛管理。 ·飼主因為工作找不出時間、非常忙碌時，託付給專家會比較好。 ·將狗狗託付他人，可以讓飼主的情緒有所轉換。 ·狗狗在精神上也可獲得成長。	·藉由訓練自己的愛犬（比賽禮儀），可加深彼此的交流。 ·和狗狗運動會一樣，在比賽會場上可以品味和愛犬的一體感。 ·如果能在自己的指導下獲得好成績，將獲得最高的成就感。 ·不須花費寄養費（託付費用）和指導費。 ·當作興趣，在學習狗狗相關事物時也能增加樂趣。
缺點	·因為要託付狗狗，會暫時性地分開（尤其是對第一次參加的人來說，會特別寂寞難過……）。 ·要花費相當的金錢（寄養費、指導費、交通費等）。 ·因為不知道指導者在管理上會對愛犬細心照顧到什麼程度，容易對此感到不安。	·管理方法可能會不夠完善。 ·覺得自家狗狗最可愛，所以很容易偏袒看待。 ·可能會過度執著於勝負而變成斯巴達式的指導……

在狗展中做指導，和參加狗狗運動會是一樣的。納入基本教養，再加入比賽禮儀，就可以在比賽會場上體會和愛犬的一體感。這在敏捷障礙賽和家庭犬訓練競技會上也是相通的。如果能和愛犬做眼神接觸，指導愛犬依自己的想法去做，和愛犬之間的信賴關係也會更加堅固。就與愛犬建立信賴關係這方面來看，跟參加狗狗運動會的基礎條件是一樣的。順帶一提，如果在JKC的狗展獲得優勝，登錄時必須要有家庭犬訓練考試的CDI（家庭犬初等科）合格證書才行。

我對狗狗運動會很有興趣，其中是否也有柴犬能挑戰的競技項目？

1 可以跟忠實可靠的柴犬體會一體感的「敏捷障礙賽」

完成教養訓練後，如果想更進一步地跟愛犬向某個目標挑戰的話，不妨試試狗狗運動會的「敏捷障礙賽」。那是由狗狗和飼主一起參加比賽的類似障礙物賽跑的活動，各種不同的犬種都能投入訓練，當然柴犬也不例外。

柴犬對飼主和家人非常忠心，因此只要慢慢地投入訓練，讓牠天生的能力有效地發揮出來，就能十二分地回應飼主的期待。偶爾也可以看到參加大會的柴犬，以出乎意料的靈敏和輕快的節奏，熟練地進行各種競技。

在積極訓練時有幾點必須特別注意。

柴犬有神經質的地方，所以強制性的訓練不會有任何好的結果。因為頭腦聰明、個性耿直，不好的經驗一旦留下成為精神創傷，往後要修正將會非常辛苦。

除此之外，例如A字梯或高空步道之類有高度的障礙，如果未確實按照訓練階段進行，狗狗可能會產生恐懼心理。另外，風勢強勁的日子，狗狗可能會從障礙物上面掉下來，所以這時候請不要勉強練習。

還有，蹺蹺板之類會動的障礙，如果從一開始就感受到著地時的衝擊，同樣可能會因為害怕而不喜歡比賽。可以的話，在初期的階段，要跟A字梯和高空步道一樣，請人在一旁輔助，逐步進行訓練。

任何狗狗運動都一樣，敏捷障礙賽也是，最重要的就是要營造出和狗狗一起愉快享受的氣氛和環境。請絕對不要勉強，將柴犬擁有的能力發揮到最大極限吧！

日本畜犬協會（JKC）

在日本，最大規模的比賽是由（社團法人）日本畜犬協會舉辦的。在日本全國，一年會舉辦超過 30 場的比賽，受歡迎的情況可從大型大會約有超過 500 名的參加者看出。柴犬的參加實績也有目共睹，所以住家附近如果有舉辦比賽時，不妨前去會場看看。

還有，想要參加比賽，最簡單的方法就是到公認訓練師開設的家庭犬訓練所進行諮詢。只要確實完成教養訓練，接下來應該就會進階幫狗狗做敏捷指導。

2 犬種與賽事本身給人的反差印象非常有趣的「飛盤狗」

和敏捷障礙賽同樣受到矚目的狗狗運動還有「飛盤狗」。在日本作為比賽舉行已經超過16年了。比賽人口逐年增加，是很受歡迎的狗狗運動。

飛盤狗讓許多人們著迷的原因是：速度感、躍動感，以及飼主和狗狗之間的一體感。專心一致地追逐並接住飼主投擲的飛盤，迅速回到飼主身邊——狗狗這種一心一意的姿態著實令人感動。

此外，這項運動不只吸引參賽者，也能吸引觀眾的原因，應該在於比賽內容的易於了解吧！看參賽者在1分鐘內成功接住幾次，再依得分總計來決定順位，是一看就懂的比賽。即使初次觀戰也會覺得興奮刺激，是一項非常具有娛樂性的運動。

雖然柴犬參加這種大會的情況還非常罕見，但是牠跟這種充滿速度感又花俏華麗的比賽之間的反差卻極為引人注目。看牠混在邊境牧羊犬和拉布拉多犬中比賽的身影，一定能吸引眾人的目光。要不要下定決心試著挑戰看看，來喚醒愛犬和你的潛在能力呢？

此外，在日本各地舉辦比賽的有下記2個團體，有興趣的人不妨到他們的網頁上看看。

National Discdog Association（N.D.A）
http://www.discdog.co.jp/
日本飛盤狗協會（JFA）
http://www.frisbeedog.co.jp/

參加狗展和運動會前，要先做好教養訓練的基礎 「家庭犬訓練競技會」

不管是要參加狗展還是狗狗運動會，都要等愛犬確實完成教養訓練後，才能挑戰更進階的項目。如果只注意比賽華美的部分，而缺少循序漸進的過程，就會偏離和狗狗同樂的這個最原始的目的。

家庭犬訓練是狗狗和飼主間增進關係的基礎。在專業訓練師的指導下，飼主也要一起學習技巧，好讓狗狗成為能夠被社會所接受的一份子。

社團法人日本畜犬協會在日本全國舉辦的「家庭犬訓練競技會」，目的就是要測試該方面的成果，從一般的愛犬人士到專業訓練師都可以參加。因為可以確認訓練的進步狀況屬於哪個等級，因此也可以說是讓自己和愛犬的教養幹勁維持在高點的最佳場所。

在家庭犬訓練比賽中，所有的項目都是只要確實做好日常教養，任何狗狗都能挑戰的項目。不妨試著挑戰看看，讓柴犬的訓練天賦發揮出來吧！

高興的時候才會搖尾巴嗎？

狗狗們也有各式各樣的語言。當然，牠們無法發出像人類一樣的語言，所以是以其他方法對我們這些飼主說話的。這些方法就是用身體表現言語的「身體語言」。就如大家都知道的「狗高興的時候會搖尾巴」，也是代表性的身體語言之一。當然，狗狗們並不只有在高興的時候才會發出身體語言，寂寞的時候、厭惡的時候、生氣的時候等等，就如同人類一樣，牠們也會表現出當下的情感。所以只要理解其語言，就可以和愛犬對話。

如果該語言不被理解，又會怎麼樣呢？狗狗就會產生「主人都不明白我在說什麼」的心情，漸漸地變得不表現出來了。不過，各位飼主也可以藉由回應該對話，而讓狗狗慢慢地信賴飼主，使教養順利進行。善於教養狗狗的人，實際上也正是善於解讀這種身體語言的人。如果狗狗顯得不安，就不會強迫進行教養；或者因為狗狗顯得愉快，就讓牠再進一步嘗試等等，能夠適當地做出判斷。

身體語言有各式各樣的種類。想要有效地解讀，方法就是要仔細地觀察愛犬。

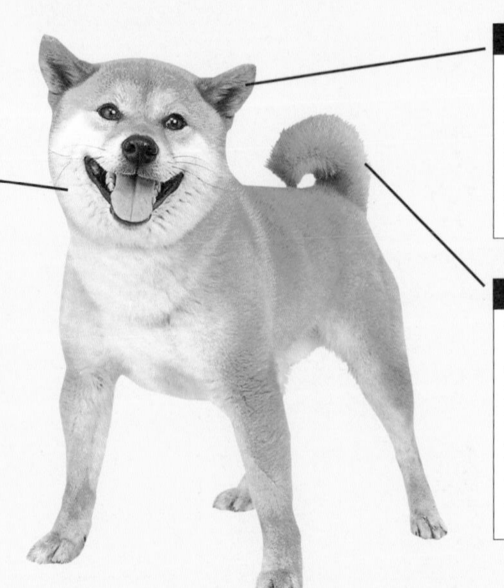

叫聲

高興的時候或是有什麼要求的時候，會以汪、汪的短音調來吠叫。ㄤ、ㄤ是表現恐懼或痛苦的叫聲。低吼般的嗚一嗚一聲，不只是在生氣的時候，也是對初次碰面的人或是地盤似乎受到侵犯時，用來威嚇對方的叫聲。

姿勢

對周圍的環境或對象感到不安或害怕時，姿勢會變低。覺得對方比自己強的時候也一樣，會降低姿勢靠近。只要不安被解除，姿勢就會恢復為原來的高度。

耳朵

正常情況是垂直立起的，一旦變得不安就會向後倒。不過，發現有興趣的東西，或者是要邀請對方來玩的時候等，也會倒向後側。可以從現場的狀況來判斷是屬於哪一種。反之，對對方的攻擊性一旦提高，就會往前豎起。

尾巴

看到狗狗搖尾巴，大家往往會以為「牠大概很高興吧」。其實在哪個位置搖是很重要的。在較高位置擺動時，是在表現愉快的心情和對對方的好意等等；但若是在較低的位置擺動，則是在表現不知所措的心情。如果誤以為那是好意而靠近的話，狗狗會由不知所措轉變為不安，可能就會出現攻擊行為。

為了和愛犬快樂生活，必須要知道的身體語言

狗是非常喜歡玩耍的動物。「遊戲」是為了要和對方建立友好關係的最重要的溝通方法。為了和飼主建立良好關係，狗狗們經常會出現邀玩的身體語言。只要這樣的行為能夠獲得真誠的回應，狗狗對飼主的信賴感就會與日俱增。

1 「邀玩」的姿勢

一邊將頭部放低、擺動腰部，一邊跳來跳去。不過若是以相同姿勢保持不動的話，也可能是安定訊號（參照P48）。

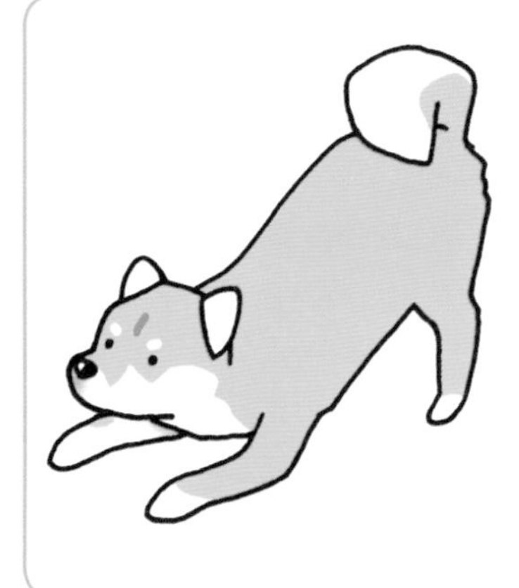

2 「喂、喂」

舉起前腳，反覆輕拍飼主。這是在說「喂、喂」，希望飼主將注意力放到自己身上的舉動。

3 露出腹部

表示服從對方時，就會露出腹部。這時的心情是「人家就隨你處置了」。

4 跑過來

想要飼主為自己做什麼時，狗狗就會朝著飼主跑過來。

5 身體接觸

碰觸飼主的身體。就和人類的嬰兒會碰觸媽媽的身體一樣，是想向飼主撒嬌的意思。

柴犬的心理學

安定訊號

「安定訊號」是愛犬的語言

如果心愛的柴犬會說話的話……有這種想法的飼主應該很多吧！狗狗們無法像人類一樣用語言交談，但是卻會用身體來表現感情——這就是身體語言。身體語言也有各式各樣的種類，而被訓練師和獸醫師們拿來活用的就是「安定訊號（calming signals）」。這種身體語言是挪威的訓練師圖蕊・魯格斯（Turid Rugaas）所發現的狗語言，在想要讓對方或是自己的心情冷靜下來時就會出現。那麼，在什麼情況下狗狗們會想冷靜下來呢？那就是非常不安的時候，或是正在生氣的時候等等。也就是說，狗狗會一邊發出這個訊號，一邊告訴自己「冷靜一點」，或是向對方說「喂！你不要這麼凶嘛！」

如果是在教養教室或動物醫院看到狗狗出現這種安定訊號時，就不要再強迫狗狗了，或者是由人這邊發出訊號來對狗狗說「不要緊張，沒什麼好害怕的！」好讓狗狗鎮定下來。這裡所介紹的只是其中一部分，你也可以藉由網頁或書籍等來了解安定訊號的內容。

有幾種安定訊號和狗狗的本能行為（與生俱來的行為和生理上的行為）是相同的，所以必須從周圍的狀況來判斷是否為安定訊號。

為了讓周圍（群體）的狗狗冷靜下來，就會使用安定訊號。

低下眼睛，不想進行視線接觸。這是想要避免不必要的衝突的安定訊號。

1 打呵欠

在周圍嘈雜等不安的環境下，狗狗就會打呵欠。有時會被誤以為大概是想睡了，不妨檢視一下環境，弄清楚是怎麼回事吧！

【訊號的使用方法】

如果狗狗在不熟悉的地方顯得緊張時，飼主不妨試著打個呵欠。這就是在對愛犬說「冷靜下來吧！沒事的」。

轉過身體 2

這是對正在生氣的狗狗說「別這麼兇嘛！」。不只是對其他狗狗，當被飼主責罵時，為了讓對方冷靜下來，有時也會轉過身體。

【訊號的使用方法】

如果狗狗興奮得不肯離開時，飼主可以轉過身體。這是在對狗狗說「你稍微冷靜一點吧！」。

把臉轉開 3

當有東西快速地靠近自己，或是害怕對方時，狗狗就會把臉轉開。這是想讓不安的自己鎮定下來的舉動。

【訊號的使用方法】

要走近會害怕自己的狗狗時，不要直接盯著牠看，而是要將臉轉開，慢慢地接近。這樣做可以緩和狗狗的不安。

採取邀玩的姿勢 4

採取鞠躬的姿勢，前腳向左右跳動的話，就是在邀你玩。不過，如果是保持這個姿勢不動的話，那就是安定訊號了。飼主也可以善加使用。

【訊號的使用方法】

伸出手，採取鞠躬的姿勢。如果這樣狗狗仍然顯得不安，就試著把臉和視線都轉開吧！

其他代表性的安定訊號

1 緩慢行走
2 繞半圈行走
3 走去別的地方
4 尿尿
5 背過身體
6 坐下
7 抬高鼻子
8 表現得像幼犬一樣
9 擺動身體
10 搖尾巴
11 嘴巴一開一合
12 降低身體的位置
13 嗅聞地面的氣味
14 牙齒喀喀作響

柴犬的心理學

壓力信號

有些「壓力信號」和「安定訊號」以及覺得不愉快、不舒服的身體語言是相同的。那是因為有時這些身體語言擁有相同的意義。

來幫狗狗消除壓力吧！

在身體語言中，近來最受到矚目的就是「壓力信號」。所謂的壓力信號，就是當狗狗感受到精神壓力時所發出的身體語言。有的是瞬間發出的信號，也有一天到晚進行該行為的長期信號。

瞬間性的信號，是來自於該瞬間狀況所形成的壓力，所以有時只要將成為原因的「壓力源」去除，就能輕易解決。不過，長期的信號，或是一再反覆相同動作的刻板行為（參照右頁），可能就無法立刻找出原因。原因可能在於和飼主或家人等之間的關係、狗狗們彼此之間的關係，又或許是附近的工程噪音也不一定。必須考慮各種情況來究明原因。

萬一飼主沒有察覺到壓力信號，而讓狗狗的壓力轉變成慢性的話，就可能會導致日後的問題行為。此外，壓力累積也會造成免疫機能低下，讓身體狀況變差，甚至出現下痢等症狀。

一發現有反覆發生的壓力信號，請先確認狗狗的健康狀態，然後再次檢查狗狗所處的生活環境吧！

藉由和其他狗狗或和飼主遊戲，可以減輕愛犬的壓力；或是進行按摩等，為愛犬營造一段放鬆時間，對於消除壓力也非常有效。不管再怎麼忙，都要為愛犬著想，騰出一段時間來陪牠。

這些時候會讓狗狗感覺有壓力

什麼時候會讓狗狗感覺有壓力呢？下面介紹幾個例子。

無法盡情做啃咬、遊戲等行為的時候。

腳痛之類，覺得身體有某種不適時。

討厭的對象靠過來時。

嬰兒出生、有新狗狗來到等，環境和之前有所改變時。

周圍一直很吵鬧。工程噪音等也會成為很大的壓力。

覺得自己沒做錯事，卻老是被罵的時候。

長時間自己看家的時候。

代表性的壓力信號

- 耳朵往後倒
- 翻白眼
- 變得有攻擊性
- 瞳孔放大
- 腳底出汗
- 放低身體
- 打呵欠
- 想躲避飼主
- 舔嘴部
- 如廁失敗
- 尾巴下垂
- 眨眼睛

壓力信號

天氣不熱，卻反覆急促地呼吸（喘氣）。

身體緊張，好像僵住了一樣。

沒有蜱蝨或跳蚤寄生，卻一直搔抓身體。

刻板行為

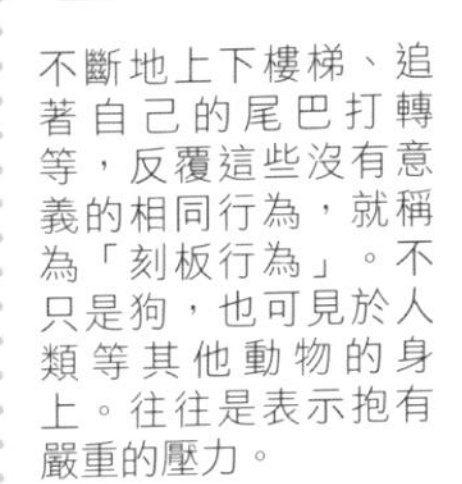

不斷地上下樓梯、追著自己的尾巴打轉等，反覆這些沒有意義的相同行為，就稱為「刻板行為」。不只是狗，也可見於人類等其他動物的身上。往往是表示抱有嚴重的壓力。

老是在庭院挖洞。

一直舔腳尖等身體的同一部位。

不斷地在同一個地方打轉。

柴犬的心理學

記憶

你也可以先觀察哪些狀況、哪些場所會讓愛犬顯得快樂。如果能事先知道家中狗狗「最喜歡的事物」，教養也能非常有效地進行。

「不會忘記快樂的事情」，所以……

你有過這樣的經驗嗎——在幼犬時期曾經陪牠一起玩過的大叔，即便愛犬長大後仍然記得對方！或者也有人說過，就算是很久以前玩過的玩具，狗也會記得！狗大約可以記住幾年前的事情呢？這會依不同的狗而有不同的結果，無法一概而論「大約能夠記住○○年左右」，不過有許多報告都指出，狗可以記住超過10年前所發生的事。

「我家狗狗的記憶力很好哦！」——這對飼主來說雖然是自誇的話題，但也因為如此而有些必須注意的事情。怎麼說呢？因為如果有不好的經驗、不安的經驗，狗也會一併記住。如果愛犬做出了飼主無法接受的行為，或許就必須要回顧一下以前的行動了。

掌管記憶的是腦部大腦新皮質的部分，和人類比起來，狗的這個部分比較小，所以有一說認為牠們的記憶力不如人類那麼好。不過，也有另一派的說法認為，像狗這種嗅覺發達的動物，右腦和左腦都能留住「嗅覺的記憶」。右腦和感情相關，左腦則和理性活動相關。或許，狗狗們擁有比人類還要優異的記憶力呢！

不久前和爸爸搭車出去玩得很快樂，不過和媽媽搭車卻被帶去最討厭的動物醫院——如果以前曾經有過這樣的經驗，就會出現願意和爸爸搭車，卻不願和媽媽搭車的行動。我們往往會以為「那都是以前的事了，應該忘了吧！」，然而出乎意料地，狗狗們都是記得的。

記憶力超群!! 卻成為困擾的事

就像在54頁中介紹的一樣，強烈的不安可能會轉移成攻擊行為。如果在幼犬時曾經受到小孩子的虐待，成為強烈的不安而留下記憶的話，即使之後長大了，只要一看到小孩子，可能就會出現感到不安而吠叫的情形。就像這樣，被稱為「問題行為」的這類行為，大部分的案例都是有其原因的。

成為受愛犬信賴的飼主也很重要

狗是會服從領導者的動物。飼主如果是非常好的領導者，狗狗們就不會感到不安，而會服從飼主。那麼，優秀的領導者是會採取哪種行為的人呢？當然，其舉動必須能讓狗狗快速理解才行。因為飼主如果反覆做出會讓狗狗陷入不安之類對牠們來說難以理解的行為，狗狗就會變得無法遵從飼主。

飼主的這種行為會造成狗狗的不安

依飼主的心情好壞，對待狗狗的方式也不一樣。

不願陪牠一起玩。

曾經遭受過責打之類的體罰。

孤零零的時間太長。

沒有能夠放鬆的時間。

家人總是大聲地吼來吼去。

柴犬的心理學

社會化

變成攻擊行為的過程

會低吼的狗狗、會攻擊的狗狗，很容易被認為是好強的狗狗，事實上卻不盡然。絕大多數這樣做的狗狗都是因為無法融入周圍的環境，而將該不安轉化為攻擊行為。讓我們來追溯這個過程吧！

一有陌生的人或狗靠近，就會逃之夭夭。這是想要逃離不安的行為。

被認為很重要的「社會化」究竟是什麼？

不管是人類還是狗狗，群居的動物都會逐漸融入自己所屬的集團中，這就叫做「社會化」。這種社會化是在幼犬時代形成的，如果無法有效形成，當遇見其他的人或狗時，就會變得極度不安。

因為狗狗在家裡非常乖巧，所以未加察覺的飼主並不少；不過，只要來到公園或狗狗運動場等有其他狗在的地方，就會開始嗚嗚地低吼或吠叫。對於這樣的行為，有人或許會認為「那是因為我家的狗狗個性剛強」，然而會低吼或吠叫大多是由想要逃離不安的心理所引起的，絕對不是因為個性剛強的關係。如果硬是強迫牠靠近的話，就可能會發展成意外事故。社會化最好在幼犬時代就完成，不過就算已經是成犬了，只要多花一點時間，還是可以讓牠慢慢社會化的。

有些狗狗無論如何就是合不來，請不要勉強讓牠們靠近吧！

社會化時間表

	1 週齡	2 週齡	3 週齡	4 週齡	5 週齡	6 週齡	7 週齡	8 週齡
	新生兒期	過渡期	社會化前期		社會化後期	社會化完成期		
疫　苗						第 1 次（6 ～ 10 週）		

剛出生的幼犬，眼睛看不見，耳朵也聽不見。靠著氣味、溫度等來尋找媽媽。

五種感官開始發達，開始搖搖晃晃地走路。

開始對兄弟姐妹產生興趣，有時會互相打鬧或是騎在對方身上，開始玩遊戲。由這些遊戲學習狗狗之間的遊戲方式及規則。

吠叫 2

一旦感覺無法逃離該狀況後，就會開始吠叫。

掙扎 3

即使吠叫也無法逃離該狀況時，可能會開始死命地掙扎。

反咬 4

不安到達頂點時，為了要保護自己，可能會對對方發動攻擊。

柴犬的社會化期不可忘記的須做事項

在能夠出去散步之前，可以先抱著狗狗到市區走走。讓狗狗接觸車子的聲音、擁擠的人潮、左鄰右舍等發出的各種聲音和氣味，以及可能遇上的各種狀況等等。

也要讓狗狗習慣吸塵器、吹風機、玄關門鈴等家中的聲音。不妨經常請朋友來家裡玩。只是，也別忘了要有可以放鬆休息的時間。

9 週齡	10 週齡	11 週齡	12 週齡	13 週齡	14 週齡	15 週齡	16 週齡

第 2 次（10～12 週）

因為還沒有完成疫苗注射，所以無法外出；不妨邀請朋友到家裡，讓牠見見其他人吧！

第 3 次（14～16 週）

第 3 次的疫苗注射完成。終於可以去外面了。

終於到了期待已久的初次散步。先在室內繫上牽繩，練習好好走路後，再讓牠出去外面吧！在外面見見其他狗狗或人們。在這個時期不會對人或狗狗認生，都可以成為朋友。

為什麼柴犬是天然記念物呢？

就如柴犬的玩賞家一定知道的，柴犬被指定為「天然記念物」。

所謂的天然記念物，就是經指定的擁有高學術價值的動物或植物等。為什麼柴犬會是天然記念物呢？許多人應該都有這個疑問。原因是，柴犬在今日雖然和多數的西洋犬一樣，做為優秀的家庭犬和我們一起生活著，但卻曾經有過瀕臨滅絕危機的令人難以置信的時代。

日本犬的歷史直接關係著日本人的歷史。有人說，上古時代，日本人從南方而來，有人則說是從中國大陸遠渡而來，關於其起源有各式各樣的說法，而被這些日本人帶來的就是日本犬。之後，牠們在日本列島的各個地域定居，體格和面貌等也都各具特色，不過大家的起源幾乎都是一樣的（在彌生時代，也有跟從朝鮮半島過來的狗進行雜交）。可能是因為這樣的歷史吧，或許可以說，跟西方人比起來，日本人對於血統方面是比較不在意的。

到了明治時代，有許多的西洋犬來到日本，和日本犬進行交配（有些交配是特意進行的）。這樣的雜交在日本全國都有進行，到了大正末期，已經幾乎看不到日本古來犬隻們的面貌了。為了挽救這個情況，學者們發起了日本犬保存運動。這是為了有計畫地繁殖殘存的日本犬，致力於找出一直在深山裡生活、未曾雜交過的狗狗們，以保留該血統的活動。昭和6年，秋田犬做為第1號被指定為天然記念物，接下來有甲州犬、紀州犬、越犬、柴犬……等，陸續被指定為天然記念物。

柴犬被指定為天然紀念物是在昭和11年，根據當時的記錄，其原產地在中部的山岳地帶。即便到了現在，小型日本犬的繁殖活動仍然進行著，以將川上犬或美濃柴犬等擁有獨特個性的柴犬們的血統延續到下一代。

江戶時代的書籍上描繪的、獵鷹犬的訓練情況。日本也曾經施行過優異犬隻的選擇繁殖。

天然記念物的同伴們

chapter 2

生活與日常的煩惱

和愛犬共度的生活充滿了樂趣。
要讓這樣的生活更加正確而快樂，
訣竅到底在哪裡呢？

改變了室內佈置，愛犬卻顯得坐立難安、靜不下來的樣子。是不是有哪裡不合牠的心意？

在搬家或是室內重新裝修上，必須注意的是除了人之外，也要為狗狗確保能夠安心的空間。狗狗在生疏環境中的不安超過飼主的想像，因此之前一百分的如廁可能會失敗，或是相反地完全不在室內上廁所等等，會出現各式各樣的弊病。不過，若是在這時候胡亂生氣，或是顯得焦慮不安的話，會讓情況更加嚴重。尤其是柴犬，因為擁有纖細又有點神經質的一面，所以還是以回到幼犬時的心理準備，有耐心地教導牠吧！

另外，我想飼主在心情上也會希望將狗狗的床鋪也一起汰舊換新，不過環境已經改變了，如果又更換成沒有自己氣味的床鋪，可能會讓狗狗變得無法安心放鬆，所以請儘量照舊使用之前一直在用的物品。不過，如果是木質地板等的情況，因為會對柴犬的腳部和腰部造成負擔，所以不妨鋪上地毯等。考慮到舒適性和安全性的小改善，在與狗狗的生活上會有很大的助益。

1 讓狗狗安心的場所＝圍欄的活用法

理想的圍欄

將廁所和睡覺的地方區隔開來
將排泄的場所和睡覺玩耍的場所隔開來，不但衛生方面比較安心，清掃也很容易。

便盤（尿便墊）
選擇比愛犬的體型大上一兩圈的尺寸。

飲水器
適合長時間不在家時使用的壁面型飲水器。從圍欄內的衛生方面來看也很建議使用。

活用罩布

要抑制狗狗的興奮，或是想讓狗狗安心睡覺時，有一塊可拆卸的罩布會比較方便。

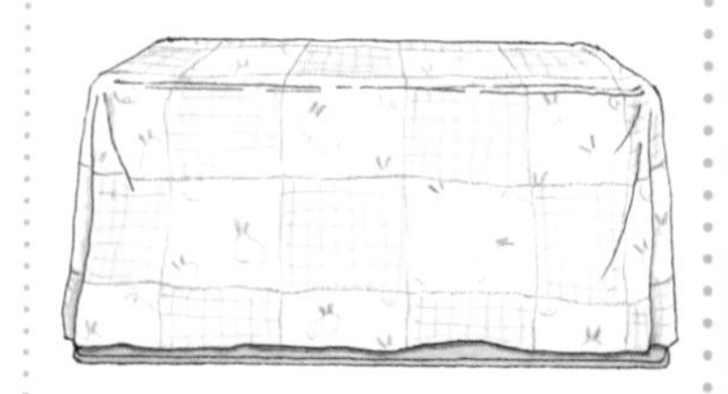

2 考慮到愛犬視線的房間佈置

重點是要以柴犬的視線來考慮室內佈置。如此一來，就算狗狗搗蛋也不會有問題。

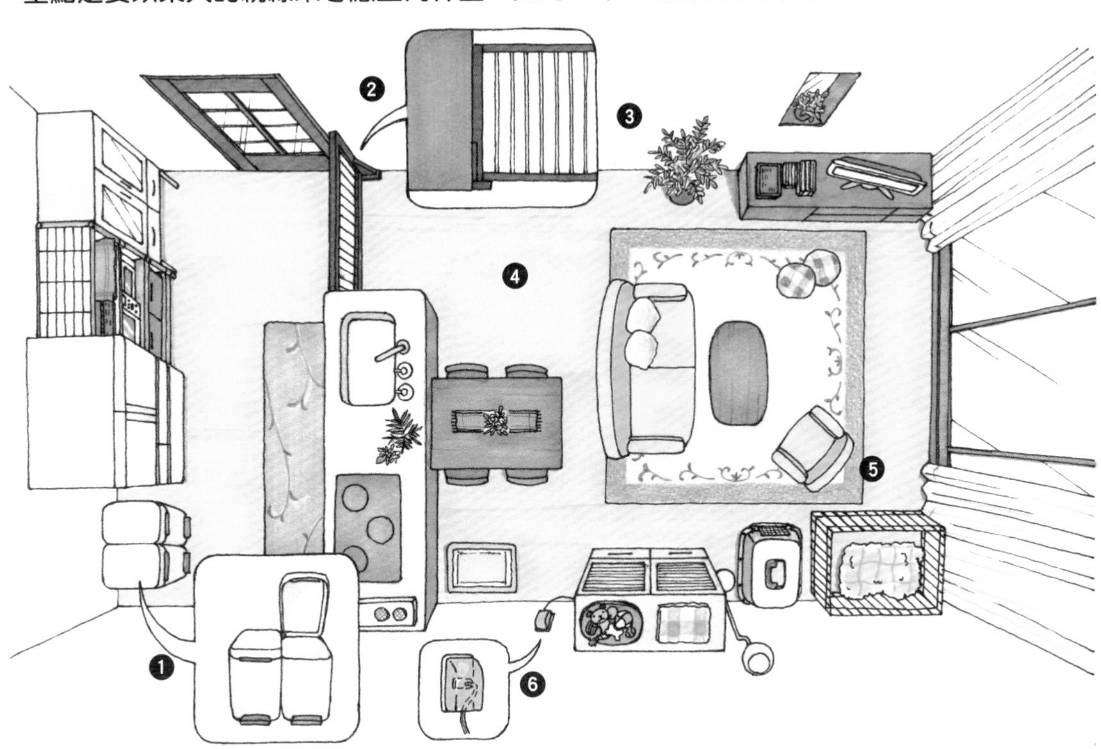

1 垃圾桶

食慾旺盛的柴犬，只要一看見食物就可能會爬到垃圾桶或餐桌上。就教養和衛生方面來說，也請準備可牢牢緊蓋的垃圾桶，以免狗狗隨意翻找。

2 不想讓狗狗進出的地方

不想讓狗狗進出的地方最好先安裝防護欄。尤其是廚房之類的入口，一定要加以防護。

3 觀葉植物

狗狗可能會喝了盆栽底盤殘留的、含有化學肥料的水而發生下痢或嘔吐。此外，飼主不在家時，也可能會刨挖泥土……請盡可能將盆栽放在狗狗接觸不到的地方。

4 木質地板

容易對柴犬的腰部和腳部造成負擔的木質地板，必須注意避免滑溜。可以鋪上大塊地墊或是使用可止滑的地板蠟等，做好周全的對策。

5 圍欄・床鋪

將狗狗居處時間最長的圍欄或床鋪設置在通風良好的地方。安置在窗邊時，要記得拉上窗簾，夏季時請注意避免直曬到陽光。

6 電線插座

家中若有幼犬或是活潑調皮的柴犬，就要注意電線插座。由於可能會造成預料之外的事故，不妨使用市售的插座蓋，以徹底防止狗狗搗亂。

一到梅雨時期，愛犬就好像很癢的樣子。請教我一些對應的方法。

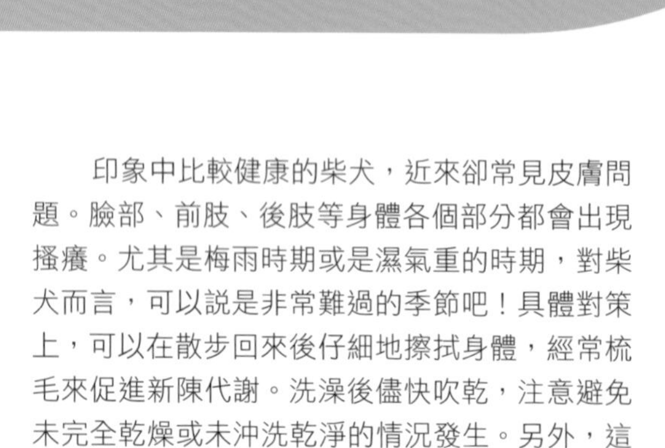

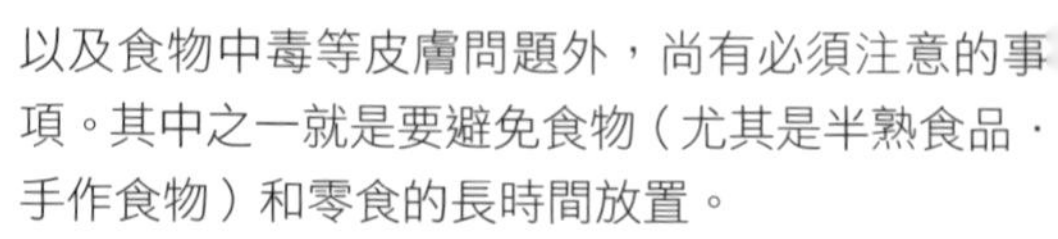

印象中比較健康的柴犬，近來卻常見皮膚問題。臉部、前肢、後肢等身體各個部分都會出現搔癢。尤其是梅雨時期或是濕氣重的時期，對柴犬而言，可以說是非常難過的季節吧！具體對策上，可以在散步回來後仔細地擦拭身體，經常梳毛來促進新陳代謝。洗澡後儘快吹乾，注意避免未完全乾燥或未沖洗乾淨的情況發生。另外，這個時期除了要提防心絲蟲、跳蚤、蜱蝨等寄生蟲，以及食物中毒等皮膚問題外，尚有必須注意的事項。其中之一就是要避免食物（尤其是半熟食品．手作食物）和零食的長時間放置。

甚至，即使是在比較舒適的 3 月～5 月，狗狗也可能和人類一樣出現類似花粉熱的症狀。例如眼睛搔癢，出現充血．異常的眼屎等症狀。如果情況非常嚴重，建議向獸醫師詢問。

1 不同季節　容易罹患的疾病＆日常照顧

春

疾病

心絲蟲病　跳蚤・蜱蝨
急遽運動後的腦貧血
花粉熱　腸內寄生蟲　外部寄生蟲

日常照顧

氣溫調節　健康檢查（血液檢查等）
圍欄內的換季（毯子→毛巾等）

夏

疾病

中暑　心絲蟲病　跳蚤・蜱蝨
皮膚問題　胃炎　食慾不振　食物中毒

日常照顧

暑熱對策
紫外線對策

疾病

夏季倦怠
急遽運動後的腦貧血
跳蚤・蜱蝨　心絲蟲病

日常照顧

氣溫調節
圍欄內的換季（毛巾→毯子等）

疾病

犬舍咳　內臟疾病
消化不良　胃炎

日常照顧

肌膚乾燥對策　適度的運動
防寒對策　飲食過度而導致肥胖

季節變換時經常發生的問題

※ 需注意的月份依地區和當時的氣溫、環境而異。

1 跳蚤・蜱蝨

需特別注意的月份

5 6 7 8 9 10 11 12

從外面回來後，如果狗狗一直不停地搔抓身體，首先就要考慮是不是跳蚤・蜱蝨造成的問題。狗狗搔撓身體，可能會造成意外的抓傷，或是過度舔舐而使得皮膚發紅等。若被吸食了過多的血液，還可能會造成貧血。此外，不只是狗狗，寄生蟲也會寄生在人的身上，最好能確實預防。

2 心絲蟲病

需特別注意的月份

5 6 7 8 9 10 11 12

主要是經由蚊子媒介而發病。感染後會對心臟造成負擔，以心臟肥大或肝硬化等症狀表現出來。據說，沒有做心絲蟲病預防的狗狗在度過一個夏天後，有38%會被感染，兩個夏天後竟然有89%會被感染，所以就和跳蚤・蜱蝨一樣，必須徹底加以預防。

3 皮膚問題

需特別注意的月份

1 2 6 7 8 9

濕氣重的時期是最需注意的時期。尤其是6～9月，要比平常更用心地用毛巾或專用藥水等，仔細地擦拭狗狗的各個部位。和跳蚤、蜱蝨一樣，如果狗狗因為皮膚發炎而自己搔撓身體的話，可能會讓問題更加惡化。不妨和獸醫師討論一下，如果情況過於嚴重，也可以戴上伊莉莎白項圈等。反之，在皮膚乾燥的時期容易發生靜電，造成被毛和皮膚的損傷。乾燥時期的照料，請使用含有防靜電劑的噴液或是保養油等，輕輕地幫牠按摩。

4 感冒

需特別注意的月份

1 2 3 4 10 11 12

在空氣乾燥的冬天，容易罹患和人類感冒症狀（咳嗽、打噴嚏、流鼻水、發燒等）相似的犬舍咳。常見於抵抗力弱的幼犬和老犬身上，不過健康的成犬也可能因為急遽的冷熱變化、在陌生環境下的疲勞等壓力而發病。由於感染力強，飼養多隻狗狗的家庭請務必多加注意。

愛犬怕熱也怕冷。希望能讓牠儘量活動身體……

就如大家所知道的，柴犬是日本犬，可以說本來就是非常適應日本風土的犬種。只是因為近年來生活環境的變化，溫度變化變得不足，使得怕冷怕熱或無法適應溫差的柴犬也越來越多。如果是飼養在室內，因為是處在和人類相同的環境中，所以並不特別需要狗狗專用的保溫器具；但是外出的時候，冬天時穿上一件衣服做為禦寒對策，夏天時避免在日曬強烈的時段外出等等的顧慮都是必要的。另外，一直開著冷氣或暖氣也不好。不妨定期打開窗戶，儘量讓狗狗在自然風中度過，對柴犬來說才是最好的。

只是，過度保護的飼育方法，反而可能會帶給柴犬壓力。原因在於牠們具有長年累月做為看門犬培養而來的遺傳本質。請用心掌握愛犬的身體狀況和當天的氣候，儘量讓牠活動身體吧！

1 預防暖氣設備造成的意外事故

冬天時必須注意的是暖氣設備造成的意外。例如咬碎電暖爐的電源，或是亂咬被爐的線路等造成觸電的情況。請儘量設法將暖氣設備用圍欄圍起來，避免讓狗狗碰觸。還有，讓狗狗獨自看家的時候，一定要讓狗狗遠離暖氣設備，最好先將牠關入圍欄或籠子裡面。另外，最近也有家庭會將熱水袋或犬用電熱毯等放入圍欄中，但是要充分注意低溫燙傷。如果外出時一直開著暖氣的話，空氣會變得乾燥，請多放一些水，儘量設定好計時器之後再外出吧！

♪狗狗高興地在庭院跑來跑去～
已經是過去的事了……

2 寒冷季節與暑熱季節的注意事項

※ 不管是任何季節，飼主的正確知識和迅速應對都是很重要的。

寒冷時……

1. 室內

在平常使用的睡床上增添毯子或刷毛布；開暖氣時，要多注意換氣。也可以使用熱水袋等保溫器具，不過要注意避免溫度過高。此外，寒冷時期由於體熱容易流失，所以熱量的需求量會提高，飲食量可以比夏天時增加一些；不過寒冷時的運動量也會減少，必須特別注意不可過度給予。

2. 室外

請讓狗狗穿上毛線衣或羽毛衣等保暖衣物。如果再穿上內衣，禦寒對策可說就萬無一失了。由於冬天的空氣比較乾燥，有些狗狗會因而身體不適，必須要充分注意才行。

如果是室外犬

請在狗屋裡放入毯子或刷毛布，做為防寒對策。還有，也可以用板子等圍住狗屋，以免冷風趁隙而入。由於日夜的溫差大，如果太過寒冷，請讓牠進入室內。到了夜晚，水也可能結凍，所以必須經常確認，並且使用不易結凍的容器等。

暑熱時……

1. 室內

除了冷氣之外，還可以使用電風扇來促進室內的空氣循環。也要放置冰涼的磁磚或涼墊等，以便萬一外出時空調用品故障了，還可以讓狗狗自行納涼。飲水也是，要讓狗狗在任何時候都能喝到新鮮的水。

緊急時刻請多關照喲！

常常留狗狗獨自看家的家庭，最好能多準備幾個飲水處。另外，如果能在住家附近先找個外出時能幫忙處理問題的人，就可以更加放心了。

2. 室外

避免在炎熱時段外出，散步時一定要先用手觸摸地面，以確認溫度。也可以讓狗狗穿上衣服避免直射陽光，不過要經常浸泡冷水，或是在衣服內面噴上人用的冷卻噴霧劑等。

利用手推車外出時要避免密不透風。

如果是室外犬

為了預防從地面反射的溫度，請在狗屋下方鋪上木板條等，將地板架高。還有，只要在屋頂上或周圍蓋上簾子，就能大幅降低體感溫度。夏天時最重要的是補充水分，所以須經常注意檢查水量。

出門前顯得很愉快，不過回家後就一直睡。難道牠根本就不喜歡外出？

對於最喜歡外出的柴犬來說，和飼主一起出門是最快樂、高興的事。另一方面，飼主也是真心地想在假日時盡可能和愛犬在一起。只是，隨便帶牠到人多混雜的場所或是噪音吵雜的地方散步，狗狗和飼主都會在不知不覺中累積壓力，容易影響身體狀況。請視環境來考慮是否要外出，並且確實遵守禮儀和公德——這不僅是飼主的責任，也是對周圍人們的一種體貼。請注意 TPO（時間、地點、場合），快樂地出門吧！

1 和柴犬外出時的注意事項

中暑

夏天外出時最需要注意的就是中暑。在氣溫高的日子裡，必須讓狗狗待在家中才行。此外，長時間關在提籃中也可能會引發中暑，請特別留意。

準備冷水、冰塊等保冷劑

除了要經常給愛犬飲用新鮮的水，也可以用毛巾等包裹保冷劑，放入提籃或手推車中。

穿著透氣性佳的衣物

如果有網狀或毛巾布質料等透氣性佳、用水沾濕後也能穿上的衣服，就能作為抗暑對策。尤其是黑色的柴犬，讓牠穿上衣服以避免直射陽光是很重要的。

身體降溫的方法

當愛犬因為暑熱而開始呼呼地激烈喘息時，請立刻降低狗狗的體溫。

降溫要以下半身為主

症狀嚴重時，為了讓體內降溫，有時甚至會直接從肛門灌水進去。

腹部周圍的降溫

腹部是最會吸收來自地面熱氣的部位。也幫狗狗的大腿內側沖沖水吧！

身體的降溫

當氣溫正在上升時，請經常讓身體保持濕潤。但是突然大量澆淋冷水，之後可能會引起急性肺炎，建議使用霧狀的噴霧器來讓身體降溫。

2 利用公共交通工具時

各公司對於要攜帶寵物搭乘的條件都有詳細的規範。例如搭乘 JR（日本鐵道）時，必須付 270 日圓的手提行李費，而且籠子的長度不得超過 70cm，長、寬、高合計不得超過 90cm；另外，籠子和寵物重量合計不可超過 10kg。這些規定和金額會依各公司而異，最好事先詢問清楚。

※ 以上為 2009 年 11 月的資訊。

3 不能過度亂吠 NG!!

如果亂吠情況很嚴重的話，可能會無法進入店面或是住宿設施中，或是被要求離開。和亂吠一樣，有攻擊傾向的狗狗大多也無法入內，因此要先從這些教養著手，改善之後再帶出去。此外，任何店家都有它的規定，不可過度自信愛犬一定不會有問題，要確認好店家的規定後再前往。

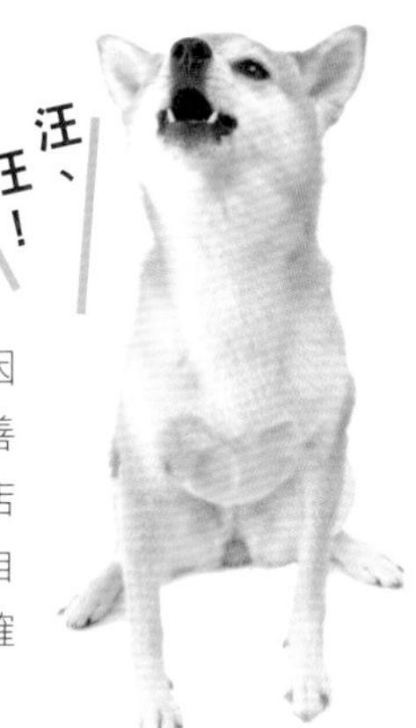

4 上廁所要選擇地點 NG!!

最近，道路或公園裡的狗狗排泄物在禮儀和道德上備受撻伐。另外，有些飼主為了不讓狗狗在店內小便，竟然在店家周邊解決如廁問題，不要忘了這樣也會對店家周邊的人們造成困擾。最理想的情況是事先找好可以讓狗狗上廁所的地方，鋪好尿便墊後，飼主再發出指令讓狗狗上廁所。

5 狗狗運動場上的注意事項

很受歡迎的狗狗運動場，是可以讓愛犬不繫牽繩自由活動的場所。只是，狗狗運動場上有各種體型大小的狗狗和飼主自由出入或遊玩，若是勉強帶著社會化不足的柴犬前去，很可能會讓牠對狗狗運動場心生恐懼，留下心靈創傷，或是對其他狗狗顯得過於興奮而演變成打架等，所以請自始自終觀察愛犬的情況，善加活用並享受其中的樂趣吧！

由飼主先進入狗狗運動場

打開狗狗運動場的門時，一定要由飼主先行進入。偶爾會看到飼主們將狗狗抱在懷裡，跨過柵欄進入的情景，但是為了避免糾紛，一定要從入口進入。如果愛犬還不習慣狗狗運動場的話，也可以和平常一起玩的狗狗朋友約好一起進入。

進入狗狗運動場後不要立刻解開牽繩

先觀察早先進入的狗狗狀況和愛犬的反應後再解開牽繩。尤其是初次進入時，請讓牠習慣現場的氣氛後再放開。如果有好像合不來的狗狗在場，不妨錯開時間後再進場。飼主請仔細觀察愛犬的情況，以便發生問題時能夠立刻對應。

柴犬在狗狗運動場裡不受歡迎？

曾經有飼主表示：「想要去狗狗運動場，不過總是被其他犬種和飼主討厭……」其實包含柴犬在內，日本犬總是給人神經質又愛打架的印象，因為有這個先入為主的觀念，每每讓牠受到別人的厭惡。其實不論是日本犬還是西洋犬，都有性格神經質或是天性愛打架的狗狗。與其說是犬種的關係，倒不如說幼犬時期的社會化與否才是重要的問題。

想要抹除這樣的印象，最好強化狗狗運動場內對愛犬的「喚回」。這在預防意外事故方面也是很重要的。另外，最近也有越來越多可以包租的狗狗運動場，利用這樣的地方也可說是一種方法。

6 咖啡店中的注意事項

在進入咖啡店前，一定要先讓狗狗排泄完畢。如果是在如廁方面還沒有自信，或是有做記號習慣的狗狗，一定要穿上禮貌帶。此外，就衛生方面來看，前往咖啡店時讓狗狗穿上衣服，不僅能避免四處掉毛，也可說是飼主的一種公德心。聊得興起時，可能會不自覺地長時間待在咖啡店中，但還是要觀察愛犬的情況，如果發現牠有覺得不耐煩、憋尿的情形時，就要立刻離開咖啡店。

不可以做的事情

不可攤開尿便墊

在店內不可攤開尿便墊。萬一愛犬隨地大小便，請儘速處理。儘量由飼主自己處理吧！

不要讓狗狗騷動或吠叫

不可讓狗狗不安穩地到處打轉或是胡亂吠叫。亂吠的情況過度嚴重時，可能會被請出去。

絕對不可和飼主使用同一個餐具

不管是旁邊的人還是店家都會覺得看了不舒服，絕對不可以這樣做。如果有幫狗狗點餐的話，要放在地上讓牠食用。

商店中的注意事項

除了狗狗用品專賣店和寵物店，最近可以和狗狗一起享受購物樂趣的商店也越來越多了。不過，有些商店即使可以帶狗進入，也有體型限制，與愛犬一起來店時，請先向店內人員詢問是否可以帶狗（柴犬）入內。此外，在店內試穿狗狗衣物等物品時，不可以就這樣直接放回去，一定要告訴店員這件衣服狗狗試穿過了；當然，試穿的時候也別忘了先知會一聲。

不可以做的事情

不可故意讓狗狗上廁所

這是在寵物用品店裡偶爾可見的情景。一進入就馬上讓愛犬將商店當做廁所使用，明顯不符禮儀。即使不是故意的，萬一狗狗隨地大小便，也請立刻告知店員。

不可歸還狗狗咬過的東西

有時會看到飼主詢問愛犬「哪個玩具好？」的場面，但若是玩具被狗狗咬過了，就不可以再放回去，請買回家吧！

不可讓狗狗自由行動

雖然是在室內，也絕對不可放開牽繩。狗狗一定要繫上牽繩，或是用手抱著，或是放入提袋中。

預定帶柴犬到戶外去，應該注意哪些事項呢？

要消除平日的運動不足和精神壓力，最好的方法就是藍天之下的戶外活動了！特別是柴犬，由於大多都非常活潑好動，一定會成為很棒的回憶。不過，飼主只顧自己吃吃喝喝，不知不覺中樂過頭，可能會疏忽愛犬的身體健康管理，請充分注意。

另外，由於山上棲息著大量會撩起愛犬好奇心的有毒動植物，所以飼主應該比平常更加注意觀察愛犬的情況。

在戶外的注意事項

1 走失

狗狗在陌生的地方走失了，飼主很容易會變得驚慌失措，死命地到處找。其實，狗狗並不會走得太遠，反而可能會因為飼主到處走來走去而使得牠找不到飼主。請以不慌張、冷靜的態度，沿著前來的道路往回走約 50m，再返回原來的地點。像這樣來回走動讓飼主的足跡數度殘留，然後靜靜地等待吧！此外，也常有狗狗自行回到汽車處的情況，如果有同伴的話，可以請一個人在停車場等待。

如果仍不見狗狗回來，就要聯絡最近的警察局和動物保護中心、動物醫院，甚至大型商業設施等，並確實告知愛犬走失的經過和特徵。

一定要佩戴名牌

萬一走失了，只要身上戴有名牌就能順利找到。外出前請先確認金屬零件等有無鬆脫的情形。

2 燒燙傷

對狗狗來說，烤肉的香味應該是難以招架的。請做個防護柵欄，確實避免愛犬靠近烤肉架。最近的烤肉架也有可在桌上使用的小型商品。家中柴犬食慾旺盛的家庭，不妨使用這種烤肉架，可以更加安心。

燒燙傷的處置方法

燒燙傷的患部要迅速用冷濕布或飽含水分的毛巾等覆蓋住，並請頻繁地更換。注意這個時候毛巾不可用力壓住。至少要持續30分鐘，嚴重時請迅速帶往動物醫院。

3 有毒動植物

進行戶外活動時，難免會遇到這樣的危險。請事先記住對應的方法。此外，也要注意跳蚤・蜱蝨、蚊蟲等，在出門前先確實做好預防。

被蜜蜂叮了

如果可以看到針，就用鑷子等將針拔除。在患部塗抹消炎鎮痛劑，觀察一下情況。若是出現嚴重腫脹或發燒的話，就要帶往動物醫院。

被蛇咬到了

如果被毒蛇咬到，請保持安靜地送往醫院；如果是一般的蛇，請在消毒患部後觀察情況。

空中飛的危險昆蟲

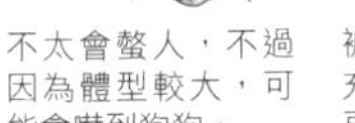
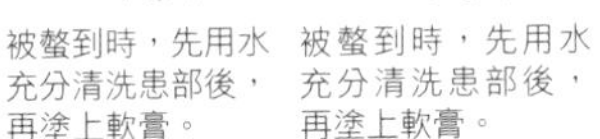
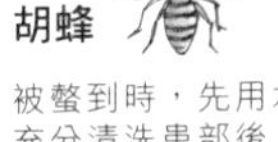
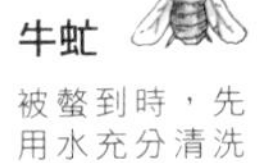

熊蜂 不太會螫人，不過因為體型較大，可能會嚇到狗狗。

蜜蜂 被螫到時，先用水充分清洗患部後，再塗上軟膏。

胡蜂 被螫到時，先用水充分清洗患部後，再塗上軟膏。

牛虻 被螫到時，先用水充分清洗患部後，再塗上軟膏。

地上爬的危險昆蟲

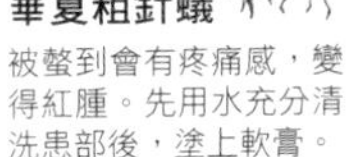

華夏粗針蟻 被螫到會有疼痛感，變得紅腫。先用水充分清洗患部後，塗上軟膏。

蜈蚣 被咬到會有激烈的疼痛，也可能發燒。

蜱蝨 附在狗狗身上吸血後，身體會膨脹起來。

必須注意的植物

●**有毒** 萬一狗狗吃下去了，要立刻讓牠吐出來。
○**有刺** 被刺到時，要用鑷子等立刻拔除，之後再做消毒。
◎**起疹子** 如果起了紅疹，先用濕毛巾等冷敷患部後，再塗抹抗組織胺類的藥物。

毛漆樹◎　馬醉木●　蕁麻○　臭橘○　夾竹桃●　楓葉莓○　木蠟樹◎　石南●　羌活○

想給愛犬穿衣服，卻擔心尺寸無法剛好合身……

以前哪有給狗狗穿衣服這種事！更別說是給柴犬穿衣服了……有這種想法的人很多，但是在最近，時髦地裝上衣服的柴犬是越來越多了。試著讓狗狗實際穿上衣服後，出乎意料地覺得非常好看的飼主應該也很多吧？

說起來，衣服除了外觀可愛之外，還有各種效果。例如冬天外出時衣服就是必需的，夏天暑熱時期也有避免陽光直射的效果。近來，規定狗狗要穿上衣服才能進入的店家也日漸增加了。即使平常不穿，備有一件總是比較方便。

1 測量柴犬尺寸的方法

狗狗衣物的尺寸標示，並不像人類的衣服一樣，所有的廠商都有共同的 JIS 規格，經常發生尺寸標示相同，但廠商不同，大小也不同的情況。先正確地測量愛犬的尺寸，再來選購適合狗狗體型的衣物吧！

★一定要測量的部位

1 頸圍（平常配戴項圈的位置下方約1cm處繞一圈）
2 體圍（前肢根部最粗的部分繞一圈）
3 身長（在站立狀態下，從頸根到尾巴上方的長度）

★先量好會比較方便的部位

4 四肢（四肢根部到蹠球約1～2cm處的上方）
5 頭部（眼睛上方到耳根部上方繞一圈。臉圍也一起測量會更方便）

（注意）
- 一定要在正確的站姿狀態下測量。
- 測量時要將項圈等拆下，配合愛犬的身體，緊貼著測量。
- 別忘了要測量體重。
- 購入時，請選擇比實際尺寸寬鬆1～2cm的衣物。
- 當市售的衣物尺寸都略有不合時，也可以配合體圍來選擇尺寸。

2 了解衣物的材質・用途

和人類穿的也一樣，雖然統稱為衣物，實際上卻有各種不同的種類和材質。對於皮膚脆弱的個體較多的柴犬來說，有些衣物的材質會引起過敏，有些設計也可能會讓狗狗覺得討厭，所以剛開始時，請儘量選擇容易穿著、棉質素材等對肌膚溫和的衣物。

T恤・背心

這是最傳統的款式，也很適合柴犬的體型。夏天時建議使用毛巾布或網狀質料等透氣性佳的衣物。弄濕後讓狗狗穿上，也可以預防中暑。只是在水分蒸發前，衣服內的溫度就會上升，所以要弄濕穿著時，請勤於澆水，經常保持在濕冷的狀態。

毛衣・外套

冬天時最適合的毛衣或外套。有各種不同的材質。如果是散步時穿著的外套，建議使用魔鬼氈等可輕易穿脫的衣物。不過，肌膚脆弱的柴犬可能會因為毛衣（毛料）而引起過敏，請注意。

連身衣

附有後腳部分的衣服。在預防掉毛和衛生上也有很好的功能，最近頗受矚目。此外，也可以預防老犬產生褥瘡，非常好用。不過，剛開始穿著時，因為不易走路，狗狗大多不喜歡，可以說是比較適合已經習慣衣物的狗狗穿著。

雨衣

材質以尼龍為主。對於下雨天也想散步的柴犬，或是只在外面上廁所的柴犬而言可說是必需品。從可覆蓋全身的類型，到只部分性包覆腹部周圍的類型，種類多且齊備。可配合雨量和用途來拆除部分零件的雨衣，應該是比較好的選擇。

讓狗狗習慣穿衣服的訓練

有很多柴犬都不喜歡穿衣服。因此，要領是剛開始時一定要選擇容易穿著的衣服。更進一步地，穿上衣服後，就帶狗狗去散步，或是給牠獎勵品等等，做些對狗狗來說快樂的事。於是很自然地，狗狗就會學習到穿上衣服就會有好事發生，而不會覺得討厭了。

覺得愛犬很可愛，不知不覺就買了各式各樣的衣服……

和西式衣服不太搭調的柴犬，最近卻紛紛出現了許多專門品牌，對柴犬來說，時髦打扮正在成為常態。更因為是日本犬，所以每每在節慶等時候，都可看到許多穿著和服或浴衣之類的柴犬。當然，如果飼主可以自行縫製的話，不僅可享受世界上獨一無二的時裝款式的樂趣，同時也能有良好的成本效益。

不過，就柴犬來說，比起其他犬種，很多都會頑固地拒絕穿上衣服，這也是事實；其中甚至有打死也不肯讓人幫牠穿上衣服的倔強狗狗。如果愛犬明顯不喜歡的話，就不要勉強做講究的打扮，不妨先讓牠慢慢從無袖的背心式上衣或是有伸縮性的T恤等開始習慣。另外，項鍊等可能會造成皮膚發紅，或是出現疹子等症狀（金屬過敏），請多注意。

1 購入時的注意事項

- 在店頭購買時，可以給狗狗試穿後，讓牠走走看，確認狗狗是否方便行動。
- 如果是網購，因為衛生上的問題，有些網路商店是不可退貨的，所以須事先確認，選擇詢問後會立即回覆的店家。
- 公犬不喜歡衣服覆蓋在排尿器官上，請儘量選擇腹圍大幅敞開的設計。

2 和柴犬外出時的建議用品

不妨添加一些小東西，擴大時尚樂趣的範圍。

1 裝飾小物

試著配合衣服和毛色，向裝飾小物挑戰看看吧！
請以作為愛犬專屬造型師的心情來幫狗狗選擇。

帽子・太陽眼鏡

可以用來對抗夏季紫外線的帽子。同樣為了預防紫外線，有些飼主也會為柴犬戴上太陽眼鏡。

飾品

推薦給想要像人一樣打扮得漂漂亮亮，或是平常使用胸背帶的柴犬。但要特別注意愛犬戴上後有沒有出現金屬過敏的情況。

鋪墊

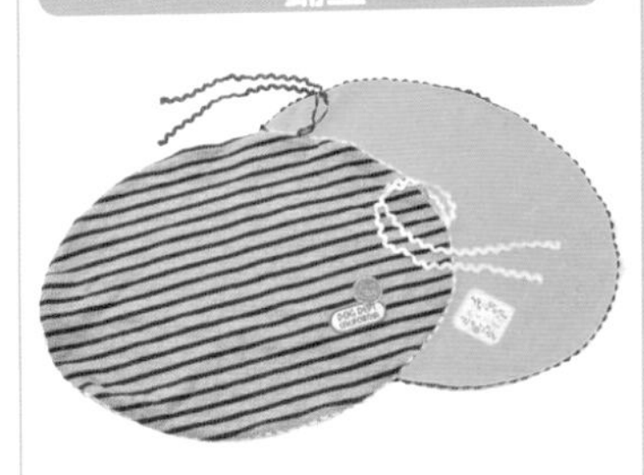

在禮儀和道德上也十分重要的鋪墊。請選擇比狗狗的體型還大上一圈的種類。

2 外出提袋

在此整理出各種出門必備的外出提袋之優點和缺點。
備齊數種，配合用途分別使用會比較方便。

手提袋

【優點】
- 不易變形，可減少對狗狗的負擔。
- 在大眾交通工具內也能使用。
- 容易和飼主的造型搭配。

【缺點】
- 提袋本身的重量大多很重，長時間拿著會對飼主的肩膀造成負擔。
- 夏天時完全關閉的話，提袋內的溫度會升高。

揹袋

【優點】
- 最適合短暫的外出或移動。
- 攜帶性佳，建議作為防災物品。
- 可以直接感受彼此的體溫，產生安心感。

【缺點】
- 穩定性差，不適合尚未習慣提袋的狗狗。
- 不太能找到符合柴犬體型大小的種類。

推車

【優點】
- 長時間移動或行李多時仍能安心使用。
- 即使是腿腰衰弱的高齡犬或是飼養多隻狗狗的家庭，也能輕鬆出門。

【缺點】
- 佔空間。
- 在地下鐵等無電梯的場所不易移動。

請教我玩具的選擇方法和不會讓柴犬厭膩的遊戲方法。

說到作為和愛犬之間的溝通工具，不能缺少的就是玩具。利用玩具進行遊戲，對狗狗來說是心理和身體發展上不可或缺的，甚至可以利用玩具加入各種把戲和高級訓練。雖然很多柴犬都喜歡玩玩具，但容易厭膩的狗狗似乎也不少。和柴犬玩的時候，飼主也要動動腦筋讓狗狗不會厭膩，儘量多用心思陪牠一起玩。

還有，和遊戲方法差不多同樣重要的還有玩具的選擇方法。由於玩具的種類實在太多了，不知道到底哪一樣才是愛犬中意的——有這種困擾的飼主大概很多吧！因此下面要介紹的是玩具的正確選擇方法和遊戲方法。

1 選擇玩具的 3 個重點

1. 配合用途來選擇

玩具大致可分成 2 種用途。一種是讓狗狗獨自看家時，在飼主無法監視的狀況下給予狗狗的安全且耐用的玩具；另一種是愛犬可以和飼主一起玩的玩具。狗狗通常很喜歡布偶之類很快就會被弄壞的玩具，為了防止誤吞，一定要讓狗狗知道那是和飼主一起玩的特別玩具才行。

2. 配合愛犬的年齡來選擇

隨著愛犬年齡的增加，對玩具的執著和興趣也會轉淡，對玩具的反應會變得比以前遲鈍。這時，就可將一般的遊戲更換為使用育智玩具的遊戲。

3. 配合愛犬的體型和力氣來選擇

選擇玩具時，一定要選擇適合愛犬體型的東西。此外，像是可給幼犬玩的柔軟玩具，即使大小適合也很容易壞掉，有發生誤吞之虞，請注意。

2 遊戲方法

1. 拉扯遊戲

這是狗狗最喜歡的遊戲，不過得訓練愛犬只要一聽到飼主說「給我」，就要迅速鬆口放開玩具。柴犬的咬力很強，因此務必要先做好訓練。

2. 追逐遊戲

如果飼主老是在後面追著持有玩具的愛犬跑，當牠想吸引飼主注意時，就會故意胡鬧，要求飼主追著牠跑。請儘量由飼主持有玩具，讓愛犬記住追逐飼主的樂趣吧！

3. 拿來（給我）

飼主丟出去的玩具，如果狗狗只走到半路就放棄去撿，或是直接逃走的話，就要繫上牽繩來控制狗狗的行動。反覆讓狗狗進行將投出去的玩具帶回飼主處的練習吧！

3 認識玩具的種類＆材質

玩具有許多種類和材質，請確認各自的優缺點後再來選擇吧！

布製・布偶系

【優點】因為膚觸和啃咬的感覺很好，是比較受狗狗喜愛的玩具種類。質地大多較為柔軟，適合性格穩定的狗狗，也可以用來做「拿來」的練習。

【缺點】不夠耐用，有些遊戲方式會立刻弄壞玩具。此外，布偶的零件部分也有被狗狗誤吞的可能，請注意。

乳膠系

【優點】這是狗狗最熱衷的玩具，適合平常對玩具不太有興趣的狗狗；也可以當成很好的訓練道具，即便是成犬也能讓牠對玩具產生興趣。

【缺點】不夠耐用，有些遊戲方式會很快弄壞玩具。有些狗狗甚至一玩起乳膠系玩具就會過度興奮，造成嘴巴周圍紅腫。

潔牙系

【優點】這是可以一邊咬著玩，又能促進牙齒和牙齦健康的玩具。堅固耐用，推薦狗狗自己看家時使用。

【缺點】如果給予過硬的製品，狗狗的牙齒可能會因此折斷。請考慮狗狗的啃咬力和年齡來選擇。

育智系

【優點】可以培養狗狗自己的思考能力，提高狗狗的學習能力。還有，和飼主一起進行遊戲，可以增進彼此的交流。

【缺點】飼主如果不清楚使用方法，狗狗就不知道該怎麼玩，也會變得不感興趣。此外，因為會用到零食，有時可能會超過一天的卡洛里攝取量，所以請決定好當天的給予量後再使用。

家裡的狗狗情緒很多變，有時整天玩玩具，有時卻完全沒興趣……

例如，球要丟好幾次才會去撿一次；或者撿是撿了，卻是心不甘情不願地去撿……就像這樣，狗狗的態度可能會因為當天的心情和身體狀況而有變化。這個時候飼主如果生氣或是焦躁不安，狗狗就會更加不喜歡，容易變成半強迫地讓牠運動，要注意。只要覺得今天狗狗好像沒什麼興趣，就要立刻停止，這也可以說是一個方法。遊戲的時候，飼主的興奮度也是很重要的。不要只是等著狗狗把球拿過來，自己也要跟著一起跑，或是大聲地給予稱讚等。另外，出於想看到愛犬高興表情的這種父母心，而不斷購買新的玩具，並沒有太大的意義。狗狗也有喜歡的顏色和形狀，就算有很多玩具，玩的大多也只是同一件玩具。首先請確認愛犬會對什麼樣的玩具表現出最大的興趣吧！還有，給狗狗的玩具一直放在地上並不妥當，不玩的時候一定要保管在愛犬拿不到的地方。

除了使用玩具之外，也有其他可讓愛犬滿足的「遊戲」。就算是對玩具本來就不太感興趣的狗狗，也能藉由不同的事物感受和飼主在一起玩的樂趣。

尋寶・捉迷藏

讓狗狗尋找某個躲起來的家人的「捉迷藏」遊戲，最適合愛撒嬌的狗狗了；而愛吃東西的狗狗則適合尋找零食的「尋寶」遊戲。可以充分使用平常不太用到的嗅覺，應該能讓愛犬的本能獲得大大的滿足。

把戲

從「握手」、「換手」開始，還有讓狗狗猜哪隻手藏有零食的「哪一手？」等，都是很好的把戲（才藝）。只要雙方都能樂在其中，就是最好的遊戲。

健行

對於原本就在山野中四處奔跑的柴犬來說，和飼主一起到山上健行是強項中的強項。不過，有些場所是禁止帶狗前往的，最好事前確認後再帶愛犬一同前往。

和柴犬快樂玩遊戲的 5 個規則

為了隨時隨地都能和愛犬快樂安全地遊戲，一定要遵守下列規則。

1 避免對周圍的人造成困擾

在外面遊戲時，請確認場所和時段。在公園裡絕對禁止不繫牽繩。若是使用長牽繩，要小心繩子可能會糾纏，或是對行人造成困擾。此外，已經有其他狗狗在玩丟球遊戲時，為了避免糾紛，還是移動到別的場所吧！氣溫方面也要充分注意。

2 保持冷靜

有些遊戲可能會對狗狗的身體造成負擔。尤其是腰腿有問題的狗狗或是老犬，請事先詢問往來的獸醫師。不管是狗還是人，遊戲時都很容易變得一頭熱。請經常觀察愛犬的狀態，以免對心臟、關節、肌肉等造成過度負擔。

3 決定好開始和結束

遊戲要做短暫區隔。在飼主的開始信號下進行遊戲，在結束信號下停止。玩拉扯遊戲時，只要狗狗一出現低吼聲，就要停止動作，更換成零食和玩具。然後讓狗狗「坐下」或「趴下」，做過服從訓練後，在飼主的信號下，重新開始拉扯遊戲。

4 不能讓狗狗胡鬧

即使正玩得熱中，也絕對禁止讓狗狗在過度興奮下咬人或是飛撲過來。只要狗狗一出現這些行為，就要立刻停止遊戲。因為不跟牠玩就是最嚴重的處罰，請有耐心地教導吧！

5 不要放著讓狗狗們自己玩

讓狗狗們一起玩時，一定要有人在旁邊盯著。因為當遊戲越玩越起勁時，可能會發展成真正的打架。平日就要進行訓練，讓狗狗即使熱中於遊戲，飼主仍然能順利地叫牠回來。

做記號和安定訊號

對柴犬的飼主來說，最煩惱的可能是狗狗無法做好小便的教養吧！如果會在廁所以外的地方排泄，不但無法安心地投宿旅館，甚至連要前往狗狗咖啡店或寵物商店也有困難。可以的話，真的很希望狗狗能在固定的場所排尿。

不過，請稍微思考一下。

那是真的小便嗎？

所謂的小便，是指尿液蓄積在膀胱後，將尿液排出去的行為。就像當膀胱滿了時，人類會去上廁所一樣，狗狗也會去上廁所，將蓄積的尿液排乾淨。在本書中雖然沒有介紹，不過經常提到的「如廁禮儀」，指的就是這種排尿的教養方法。

但是，狗狗有一種「非常相似的小便」，其中之一就是「做記號」，也就是在其他狗狗的尿液上排尿，留下自己的情報。所以，在做記號前，狗狗會先嗅聞地面的氣味，收集其他狗狗的情報。也因此，做記號被視為是地盤意識強烈的公犬的行動，但其實母犬也同樣會做記號。雖然做記號和排尿出來的是相同的東西，不過基本上這和排尿是屬於不同的行為。

另一種是嗅聞地面的氣味後，少量排尿的行為。這是一種「安定訊號」，是在對該狀況感到不安時所採取的行動。初次住宿旅館時，由於不安的關係，狗狗會在四處嗅聞氣味後少量排尿，就是基於這個原因。前往狗狗運動場卻不到處跑動，而是一直嗅聞地面的氣味，大多都是因為不安所造成的。

就像在心理學的頁次中所說的，當狗狗對當時的狀況感到不安時，有時飼主並無法立刻去除牠的不安；如果生氣地制止牠排尿，反而會讓狗狗更加不安。因此，作為記號或是安定訊號的小便，不可用強制性的教養來加以制止，而是要利用禮貌帶等來排除弄髒的風險，讓狗狗少量地排尿，如此應該可以慢慢降低狗狗的不安。等習慣後，安定訊號導致的排尿行為就會逐漸消失。

所謂做記號，就是主張自己的勢力範圍的排尿，在其他狗狗尿尿過的地方撒上自己的尿，因此往往被認為是公犬獨特的行為，其實有些母犬也會做記號。

chapter 3

美容和整理的煩惱

對柴犬來說，整理和美容是不可欠缺的！
要知道哪些事情、做到哪些事情，
才能讓愛犬看起來更加可愛、更加漂亮呢？

聽說有很多狗狗都不喜歡美容，要如何讓牠從幼犬期就開始習慣美容？

不喜歡美容的柴犬好像很多，其實從幼犬時期就利用「幼犬訓練」讓牠習慣觸摸和美容工具是很重要的。說到幼犬訓練，我想很多人都以為就是「教導坐下或等待之類的指令」，其實，教導幼犬在人類社會中的舉止規矩，也是包含在幼犬訓練內的重要課程。

飼主如果不從適當的時期就開始對幼犬施行教養（如廁訓練、籠內訓練、可否做為遊戲對象的區別、向人招呼時的規矩、散步的規矩等等），狗狗就會遵從自己的本能來行動（愛在哪裡排泄就在哪裡排泄、想叫的時候就叫、喜歡的東西就拿來玩等等），這些行為對飼主來說，很可能就是問題行為。

另外，想要有效地教導狗狗分辨好事、壞事，就必須讓狗狗理解人所發出的簡單語言（意即指令）。因此，加入相當於教養的訓練就成了不可欠缺的東西。將訓練和教養合而為一，就是所謂的「幼犬訓練」。

幼犬課程＆聚會

和在行為學上有先進國家之稱的美國、英國、歐洲等比較起來，日本雖然起步較慢，不過即便是對柴犬，強烈地認知到「教養的重要性」的飼主這幾年來也逐漸增加了。

幼犬課程及聚會是幼犬在社會化期（出生後3週大～12週大）可以參加的課程。這些課程的目的可列舉如下。

1. 在社會化期和其他的狗狗或人相互接觸或玩遊戲，或是持續性地進行將來可能會遭遇到的刺激或體驗（梳毛、剪毛、接受診察、搭車、在公共場所會聽到的聲音等），以培養容易適應社會的性格。
2. 讓飼主學習「教養的基本＝稱讚方法、斥責方法」，以讓愛犬在人類社會可以合乎規矩地行動。
3. 讓飼主本身學會訓練技術並將之實行。
4. 學習各個犬種的特異性和行為模式，預防將來可能發生的問題行為及對應方法。
5. 學習在幼犬教養上的必需工具（玩具、籠子、項圈和牽繩、零食）的給予方法和選擇方法。

幼犬訓練實踐篇

進行幼犬訓練時，請遵守下列事項。

- 絕對不勉強。不快速求得結果。禁止過度施行。配合狗狗各自的性格。
  清楚掌握該隻狗狗可以接受的程度。
- 社會化這種事沒有所謂的過早，也永遠不會太晚。
  不要認為現在還小好像很可憐，或是已經長大了就放棄。
- 先製作幼犬最喜歡的東西，以做為訓練的獎賞品。
  這個東西平常要先收起來，只在緊急時使用。

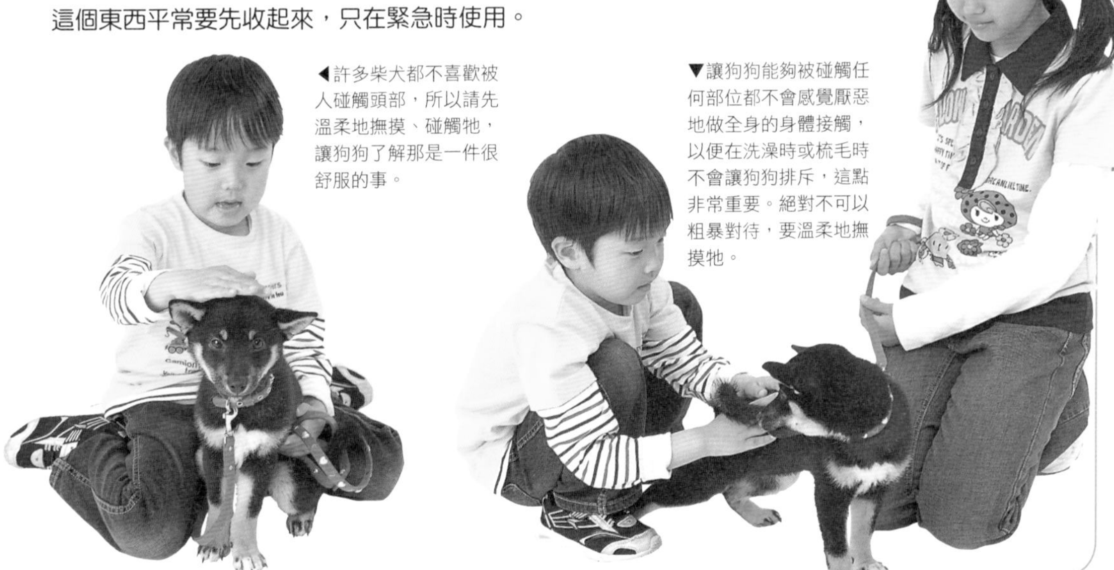

◀許多柴犬都不喜歡被人碰觸頭部，所以請先溫柔地撫摸、碰觸牠，讓狗狗了解那是一件很舒服的事。

▼讓狗狗能夠被碰觸任何部位都不會感覺厭惡地做全身的身體接觸，以便在洗澡時或梳毛時不會讓狗狗排斥，這點非常重要。絕對不可以粗暴對待，要溫柔地撫摸牠。

成犬後也能讓牠習慣為了美容而碰觸身體這件事嗎？

當然能夠讓牠習慣，只是會比幼犬更花時間。就算只有一下子，也要花時間讓牠認知被人碰觸身體是件愉快的事，只要牠願意讓你做，就要好好地稱讚牠，給牠零食，慢慢地讓牠習慣。稱讚的時候不妨稍微誇張一點。

柴犬有討厭被人碰觸身體的傾向，應當從幼犬的時候開始就教導牠身體接觸的樂趣。尤其是頭和腳，是柴犬最不喜歡被人碰觸的部位。梳毛也要從幼犬時期開始進行，做為身體接觸練習的一環。待狗狗習慣身體接觸後，飼主就可溫柔地像要包覆狗狗身體般地加以保定，進行讓牠短時間乖乖待在飼主懷抱中的練習。為了讓牠可以在美容桌上順利進行美容，這是必需的練習。保定身體的時候，飼主一定要溫柔地對牠說話。飼主出聲說話讓愛犬放輕鬆是很重要的。

碰觸的方法

❶ 溫柔地撫摸頭部。這個時候要出聲說：「好乖哦！」

❷ 似乎大多數的狗狗都會抗拒讓人碰觸嘴巴周圍，但還是要視情況溫柔地撫摸，如果愛犬願意讓你撫摸，就要稱讚牠。

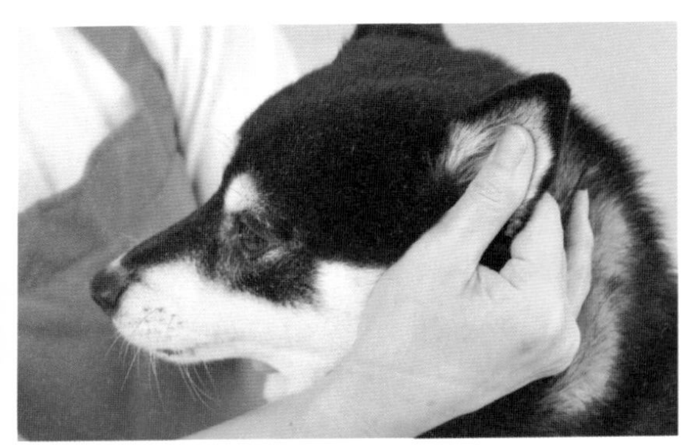

❸ 討厭耳朵被摸的狗狗好像也很多。無法清潔耳朵是件令人困擾的事，所以還是要讓牠習慣被人觸碰耳朵。請溫柔地按摩耳朵末端和整個耳朵。

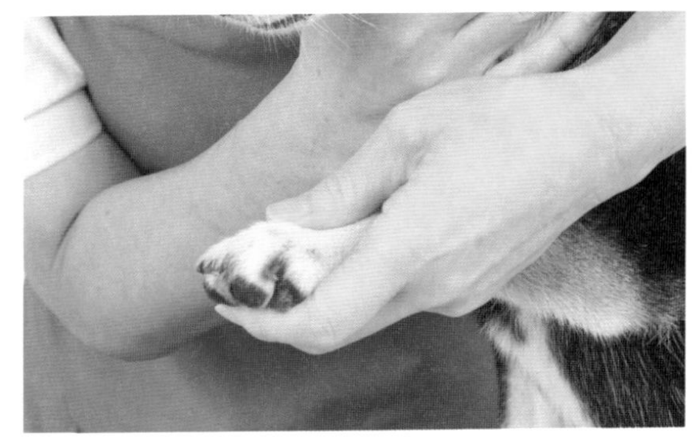

❹ 狗狗特別討厭被人觸碰前腳尖。不過，為了修剪前腳和後腳的趾甲，還是讓牠習慣吧！

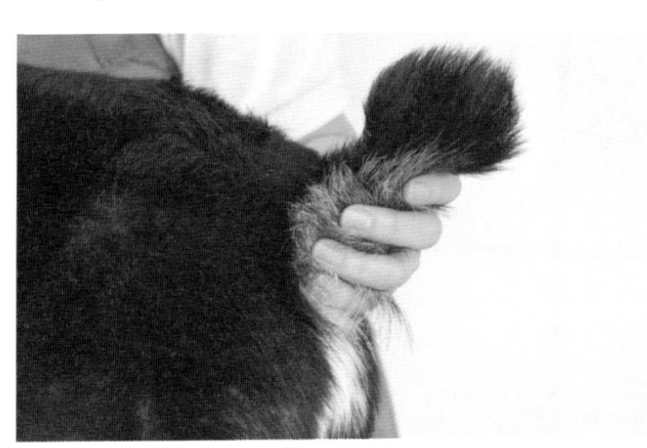

❺ 也有不喜歡被人碰觸尾巴的狗狗。請讓牠習慣尾巴被捉住、碰觸這件事。

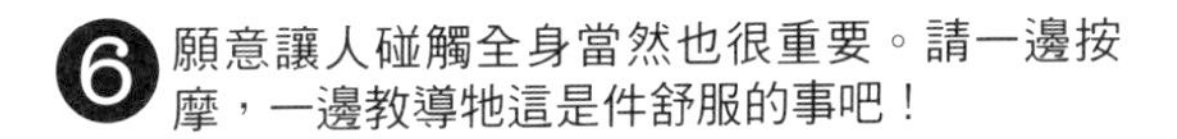

❻ 願意讓人碰觸全身當然也很重要。請一邊按摩，一邊教導牠這是件舒服的事吧！

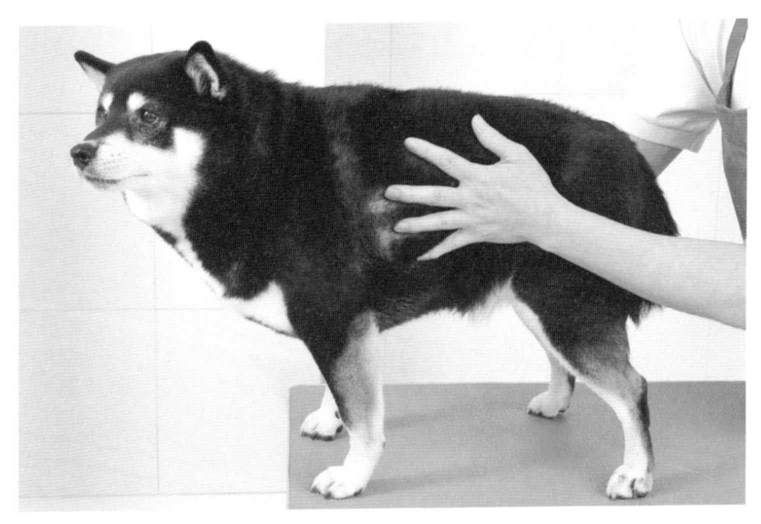

換毛期的掉毛特別嚴重，請教我適當的梳毛方法。

柴犬的被毛因為密生著底毛（綿毛），所以脫落毛非常讓人在意。尤其是在換毛期時，底毛會浮現出來，看起來顯得雜亂不堪。花點時間仔細地將這些底毛清除乾淨，可以讓之後的照顧變得輕鬆不少。換毛期的底毛如果全部脫落了，有些狗狗的身體甚至會顯得小一號。

1 針梳

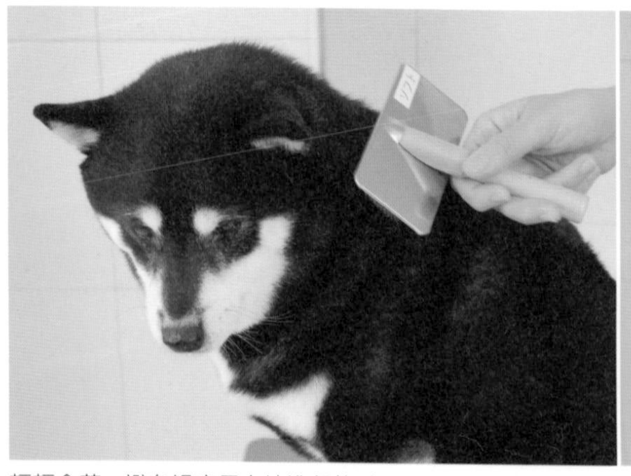

輕輕拿著，避免過度用力地進行梳毛。可以順著毛流或逆著毛流來梳。

2 耙毛梳

在換毛期尤其好用，可充分去除脫落毛。

3 Shed Buster

此除毛梳在換毛期也非常好用！可以像變魔術般地去除脫落毛。就算不是在換毛期，也能如照片般去除底毛。

4 排梳

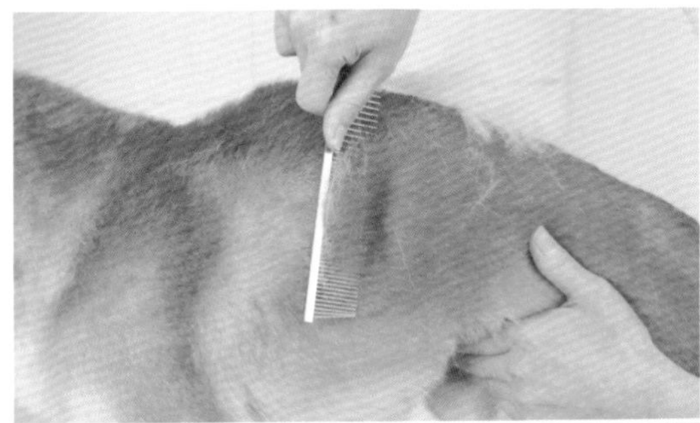

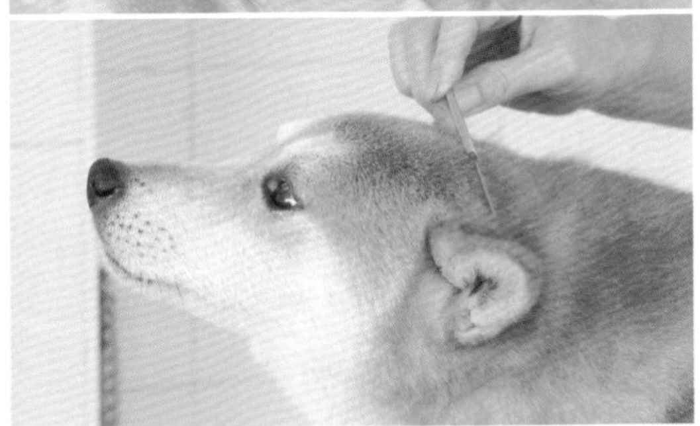

也有人認為使用排梳比較容易去除脫落毛。使用排梳時，要梳到皮膚稍微拉緊的程度，有節奏地梳理。

5 橡膠手套

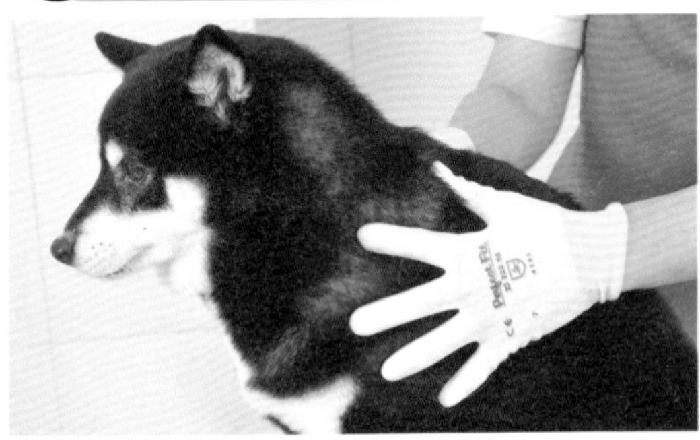

怎麼樣都不願意讓人梳毛時，戴上橡膠手套進行按摩也是個方法，這樣做也含有讓狗狗習慣身體碰觸的意義。因為是橡膠製的，所以能夠去除脫落毛。

趾甲很長，走路時會發出喀嚓喀嚓的聲音，讓人在意……

對於生活在室內的柴犬來説，趾甲的護理是非常重要的。趾甲太長的話，不僅會刮傷室內的木質地板或榻榻米，而且也容易滑倒，讓狗狗的趾頭變得張開。如此一來，狗狗走起路來就會變得困難，會在四肢和肩膀施加多餘的力氣，可能會因而損傷肩關節及肌肉。另外，趾甲萬一捲起來也可能會刺到蹠球，因此最好一點一點地進行修剪，或是用銼刀磨短。可以的話，請使用美容桌等高台來進行作業。

即使是飼養在屋外的柴犬，因為狼爪不會磨耗而會越長越長，所以要幫牠修剪，以免刺入肉球或是傷到臉部。

1 固定方法

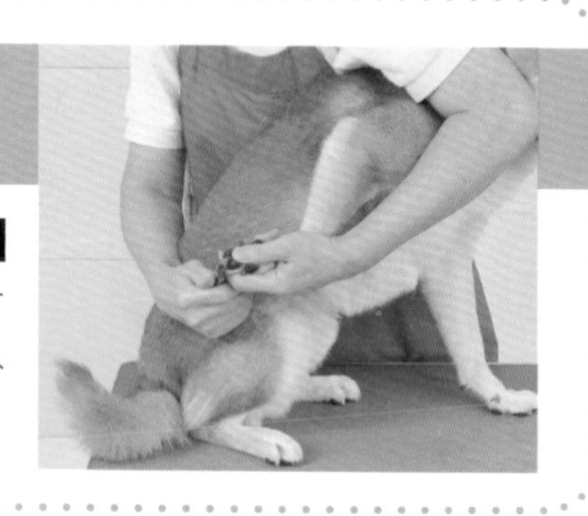

不要讓狗狗看到指甲剪

如果狗狗一看到趾甲剪就會掙扎時，可以用這個方法。讓牠坐在台上，如果狗狗亂動，就用手肘固定肩膀處。

2人一起進行

如果無法單獨進行時，就由一人按壓口吻部和身體，另一人趁機修剪趾甲尖鋭的部分。

2 修剪蹠球的毛

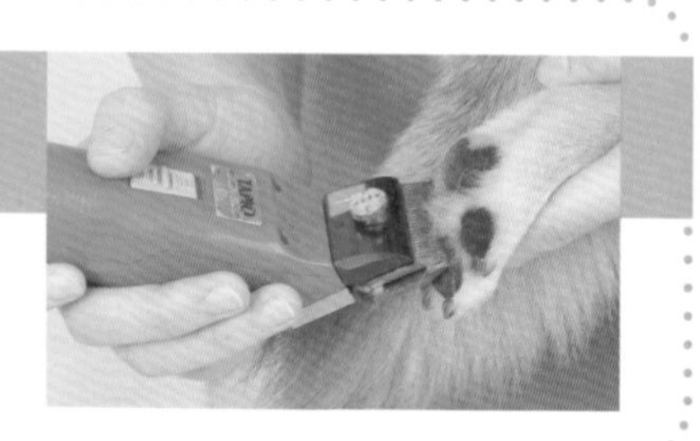

腳底蹠球間的毛一長長就容易打滑。修剪趾甲時，不妨也順便修剪蹠球的毛。使用小型電剪會比剪刀來得安全。

3 剪趾甲的重點

狗狗的趾甲有血管經過。如果是白色的趾甲，因為可看見血管透出來，所以要在血管前方 2 ～ 3 mm處剪掉。如果是看不見血管而不太敢幫牠剪的黑色趾甲，只要將抬起腳時比肉墊還突出的部分剪掉即可。不要一口氣剪短，而是要一點一點地、以修掉斷面邊角的感覺來進行。剪好後一定要用剉刀將剪好的稜角磨平。

剪完趾甲後，請陪愛犬玩一下，或是給牠零食作為獎賞吧！

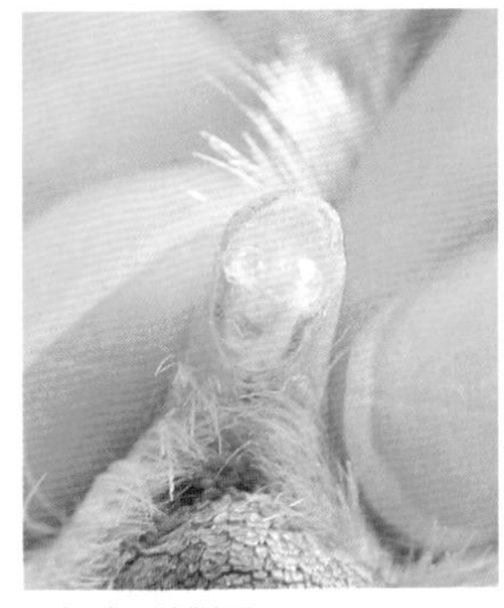
白色趾甲的斷面。
中心的血管清楚可見，因此很容易修剪。

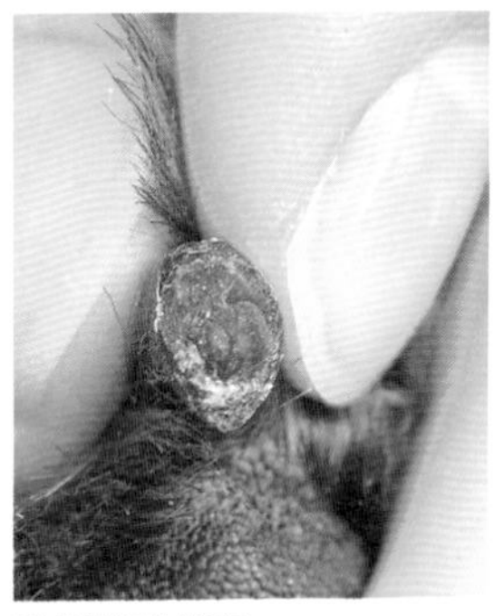
黑色趾甲的斷面。
由於看不見血管，要一點一點地修剪。一邊觀察中心的狀態，感覺靠近血管時就停止修剪。

4 剪趾甲的方法

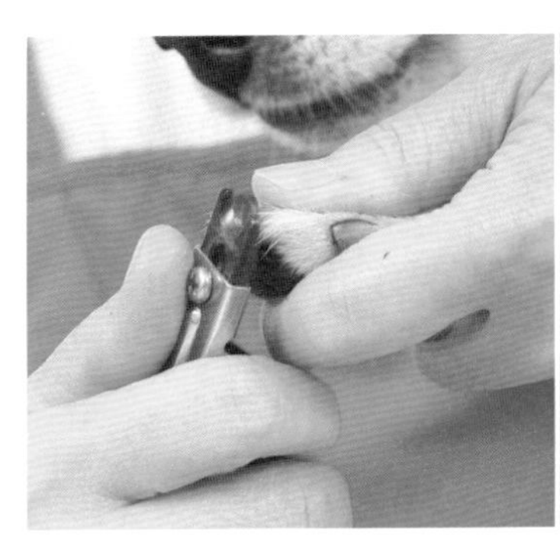
讓要修剪的趾甲整個清楚地露出來，剪除末端。

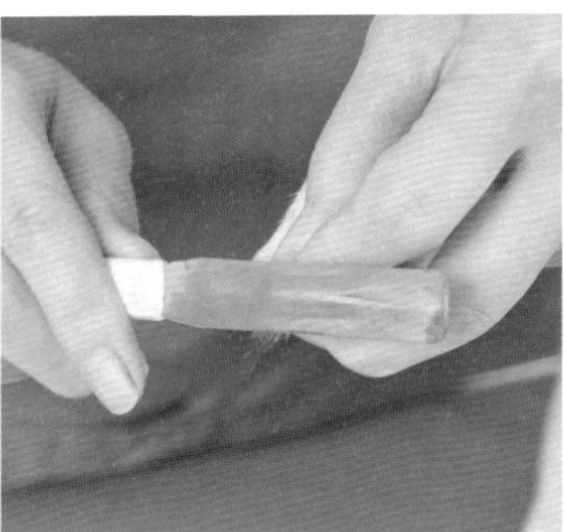
一點一點地修剪斷面，去除邊角。

剪短後，以剉刀磨平稜角。

耳朵清潔應該做到什麼樣的程度呢？

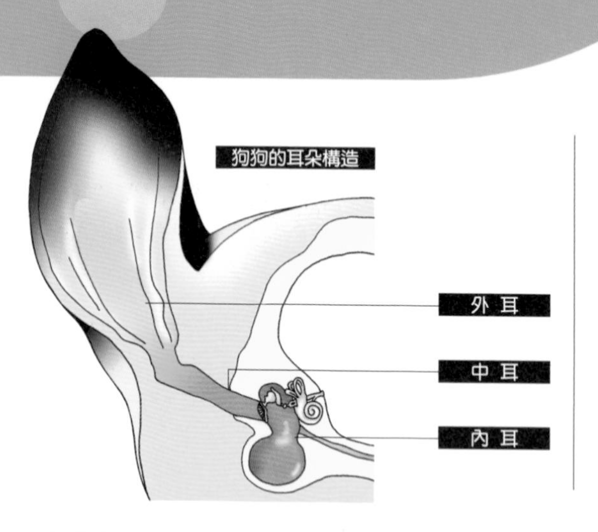

柴犬的耳朵是立耳，因此不用擔心悶熱的問題，但是不管是立耳還是垂耳，都會堆積耳垢，因此必須要定期清理才行。

堆積的耳垢會成為皮膚問題或耳部疾病的原因，因此耳朵的護理相當重要。另外，如果狗狗有異位性皮膚炎時，耳內的狀態也很容易變糟。有過敏的狗狗也要特別注意耳朵的護理。

護理的方法

由於耳內非常敏感，因此飼主只要在眼睛看得見的範圍內清理耳朵即可。請絕對不能將棉花棒或鉗子深入到耳朵內部，以免將耳垢等推擠到更深處。將棉花沾上潔耳液，輕輕地把污垢擦拭乾淨。關於耳內的髒污情況，請定期讓獸醫師診斷吧！

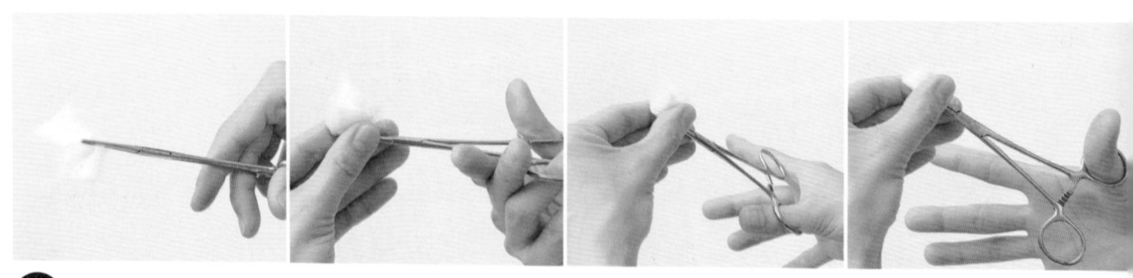

1 將棉花捲附在鉗子上。

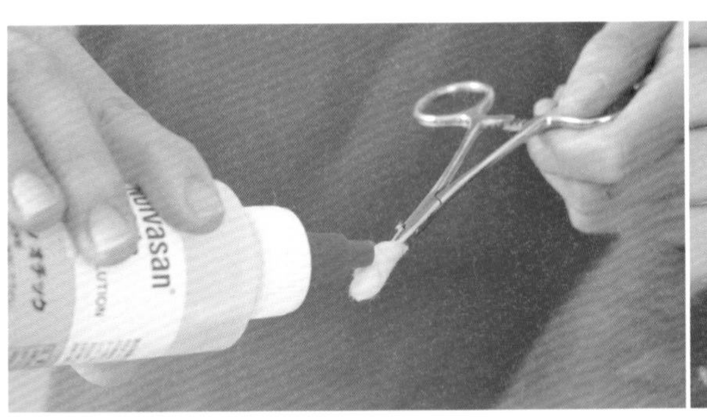

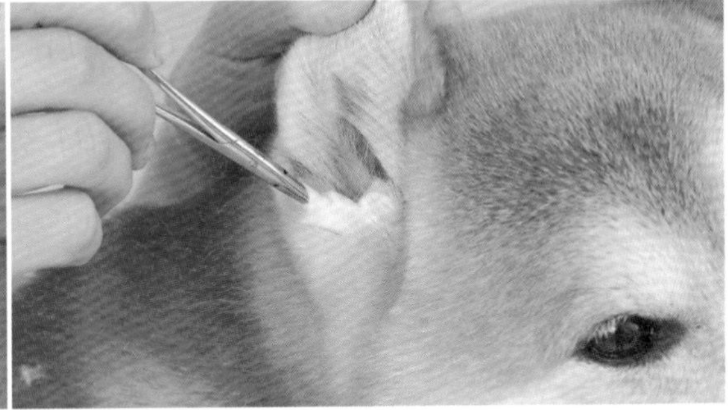

❷ 棉花沾上潔耳液，將耳朵拉開以便能清楚看見耳朵內部的情況。將鉗子像鉛筆一樣地拿著，去除可見範圍內的污垢。

絕對不能做的事！

❶ 將棉花棒插入耳朵內部

由於耳內很容易受傷，這樣會讓狗狗覺得疼痛。另外，也可能會把污垢推到更深處。

❷ 直接將潔耳液倒入耳中（視情況）

這是引發問題的原因。要這樣使用時，請事先諮詢獸醫師的意見。

要注意的耳部疾病

如果愛犬頻繁地出現搔抓耳朵、甩頭的動作時，就要檢查耳內的狀態。如果耳朵出現臭味、異常髒污的話，很可能是發炎了；如果不喜歡耳朵被碰的話，就代表會痛。發生這些狀況時請儘早帶去動物醫院檢查吧！

❶ 外耳炎

外耳道因細菌或真菌、過敏、異物、耳垢等而引起發炎，會出現氣味難聞的耳垢。一旦惡化，耳殼還會出現紅腫、潰爛。

❷ 中耳炎

這是外耳炎的延長版，在比外耳道更內側的中耳出現發炎，也可能會引起發燒。由於耳根處附近會疼痛，因此不喜歡這裡被摸，有的狗狗甚至會因而低吼、咬人。

❸ 內耳炎

這是位於耳朵最深處的內耳發炎了。原因尚未明瞭，但可能會變得重聽。

❹ 耳疥蟲感染症

當狗狗被寄生於耳內的耳疥蟲寄生時，就會堆積黑色的耳垢。由於極度搔癢，狗狗會一直搔抓耳朵或甩頭。因為傳染力很強，會一隻傳一隻，尤其常見於年輕狗狗身上。幼犬要特別注意。

希望盡可能預防牙齒問題，所以想幫牠刷牙……

對原本野生的狗狗來說，本來就沒有刷牙這回事。只是，和人類過著密切的生活，飲食生活等也發生了改變。因此，飼主必須照顧牠的牙齒和牙齦才行。

只要藉由幼犬訓練讓狗狗先習慣刷牙，通常就能順利進行。也就是說，最好讓狗狗從幼犬時就開始把刷牙當做是一項愉快的清潔作業。牙垢的附著有個體差異，有的狗狗從年輕時就開始會附著牙垢，有的狗狗則到了某個年紀後才會附著。

關於口腔衛生，人類也是一樣，尤其是有心臟疾病時更顯重要。因為口中的雜菌進入體內後，可能會導致情況惡化。不論是否有疾病，定期幫狗狗清潔牙垢、牙結石，也有助於維持健康。

1 讓狗狗習慣嘴巴被碰觸

柴犬通常有討厭被人碰觸嘴巴周圍的傾向，因此要在幼犬時一邊和牠快樂地遊戲，一邊讓牠習慣這是一件舒服的事。先碰觸牠的嘴巴周圍，只要狗狗願意讓你碰觸，就給予獎勵品，反覆地進行。

接著，讓狗狗打開嘴巴，讓牠習慣被人碰觸口中和牙齒。同樣地，如果狗狗能打開嘴巴，也能讓你碰觸的話，就給牠獎勵品。

打開嘴巴，讓狗狗逐漸習慣牙齒被人碰觸。絕對不要讓狗狗覺得被迫做了討厭的事。

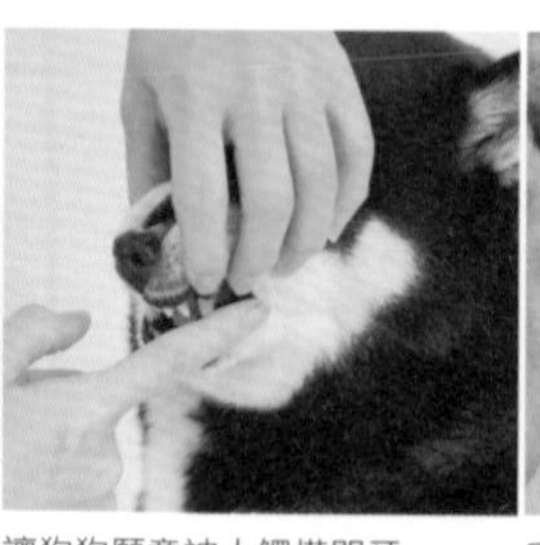
讓狗狗願意被人觸摸門牙和臼齒等所有的牙齒。

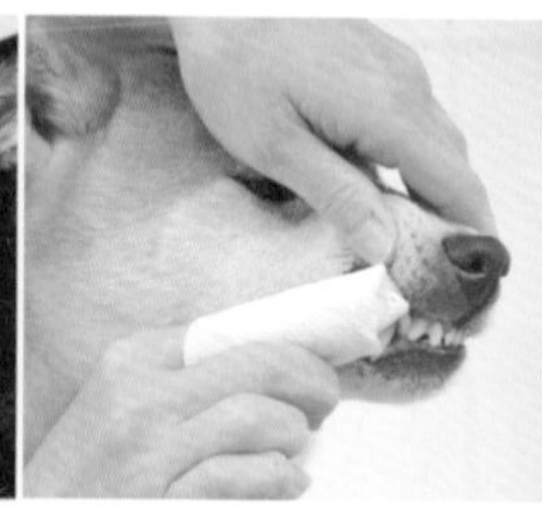
手指纏上紗布，輕輕擦拭門牙和旁邊的牙齒。

狗狗讓你做完後，就給牠做為獎賞的零食吧！

2 使用牙刷

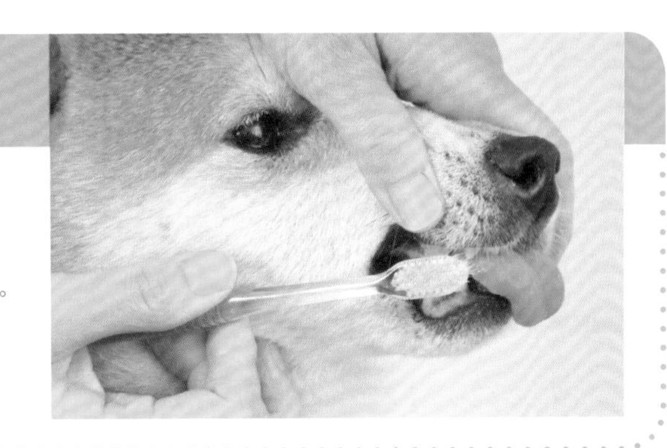

使用犬用牙刷，或是兒童用的牙刷。

❶ 從上下門牙開始刷起。

❷ 上下側面的牙齒和臼齒也要像按摩牙齦般地輕輕刷過。

❸ 打開嘴巴，連牙齒內側也刷到就完成了！

3 潔齒液

如果真的很討厭刷牙，可以在口中滴入潔齒液。只要翻開嘴唇，滴在臼齒上即可。不需要搏鬥般地硬逼狗狗張開嘴巴。

去除已經附著的牙垢・牙結石的方法

使用牙刮也是個方法。一般牙垢只要用指甲摳一下就可以清除了，而且用手指的話狗狗比較不會排斥。非常嚴重的牙結石要用專用器具才能使它剝落，請交給獸醫師來做吧！

有刷牙效果的玩具和牛皮骨

如果狗狗非常討厭刷牙，除了多花點時間讓牠慢慢習慣之外，給予潔牙用的玩具和牛皮骨也是個方法。也可以用繩索型的玩具和牠玩拉扯遊戲，但結束時飼主一定要把玩具收起來。

口中的健康檢查

❶ 牙齦是否發紅？
❷ 牙齒是否變成褐色？
❸ 牙齒是否變成綠色？
❹ 有沒有難聞的口臭？
❺ 牙齒是否鬆動搖晃？
❻ 牙齦是否有出血？

想在家裡幫狗狗洗澡，請教我要領。

討厭洗澡的柴犬好像很多。正因如此，最好利用幼犬訓練讓狗狗習慣淋浴或是吹風機等，只不過好像也不是那麼容易順利進行。

有些人會因為脫落毛太多而不想在家裡幫狗狗洗澡。的確，柴犬的脫落毛到了換毛期會更加嚴重，所以委託寵物美容室也是個方法。重點是如何在短時間內完成這件事，所以討厭洗澡的愛犬若是沒有皮膚問題等情況，不妨使用「潤絲洗毛精」。大約一個月洗一次澡即可。

迅速洗澡的方法（在此使用潤絲洗毛精）

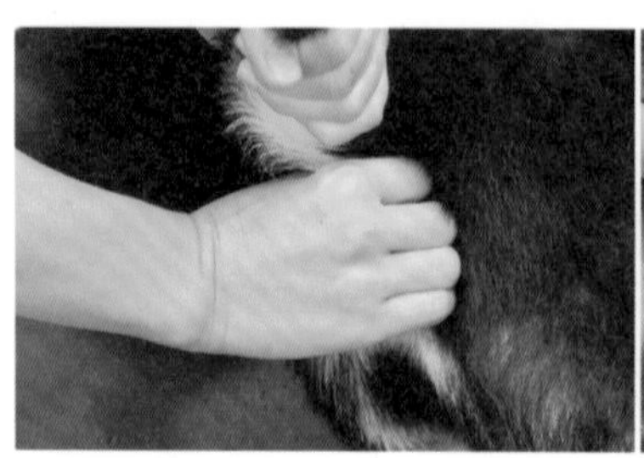

❶擠擰肛門腺。如果不會自己做，可以到動物醫院請院方進行。

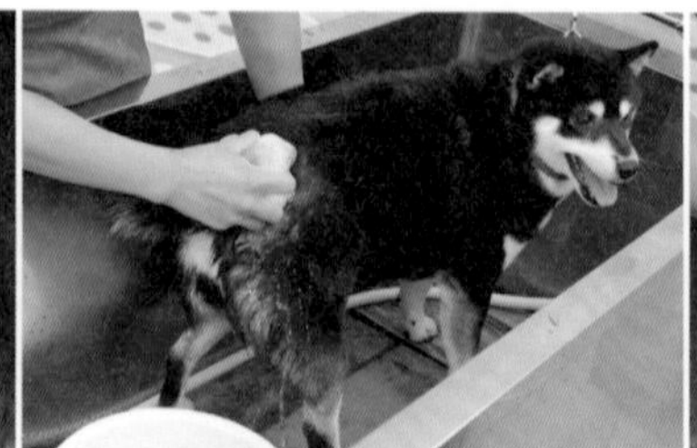

❷弄濕身體時，要在臉盆中放入溫水，一邊浸溼海綿一邊從身體後方開始，逐漸往頭部、臉部弄濕。

❸如果狗狗不討厭蓮蓬頭，就將蓮蓬頭貼近皮膚地慢慢弄濕。

❹先在臉盆中將洗毛精做成稀釋過的洗毛劑，用海綿讓它充分起泡。

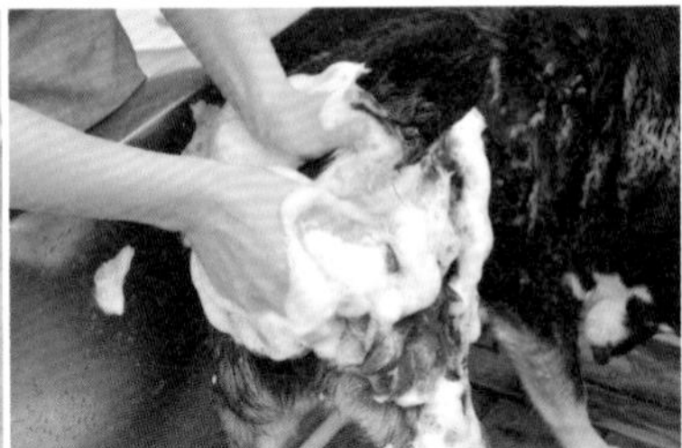

❺將海綿打出的泡沫抹在狗狗身體上。這時，海綿只是用來「起泡用」的。

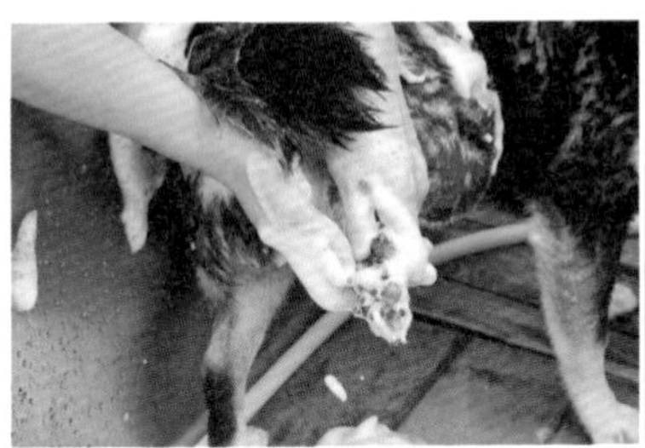

❻洗腳尖時也要仔細清洗腳趾縫隙。這個地方出乎意料地很容易忘記。

❼利用身上的泡沫，像是按摩般地用手揉搓清洗。

❽頭部和臉部也輕柔地用泡泡清洗。散步回來後通常都會洗腳，但卻不會擦臉。因此，臉部髒污的狗狗非常多。

❾洗完全身後，用蓮蓬頭從臀部開始沖洗乾淨。

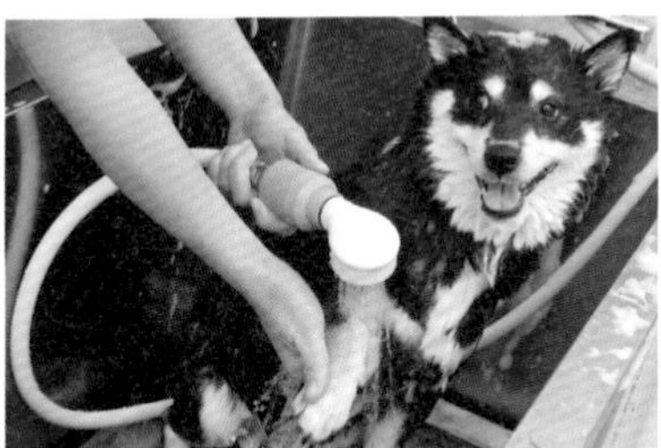

❿腳尖也要充分沖洗乾淨。

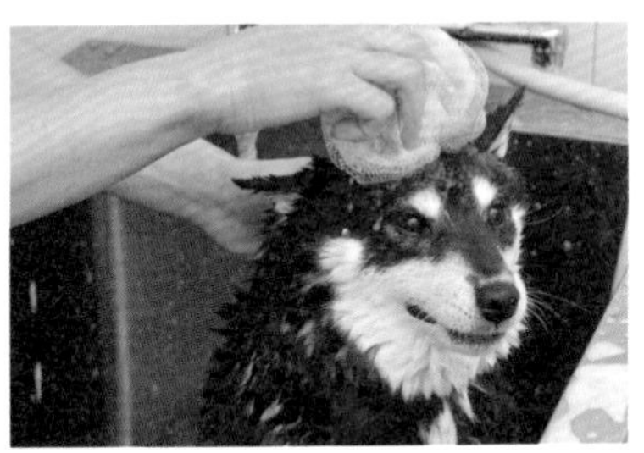

⓫讓海綿飽吸溫水，洗淨頭部。

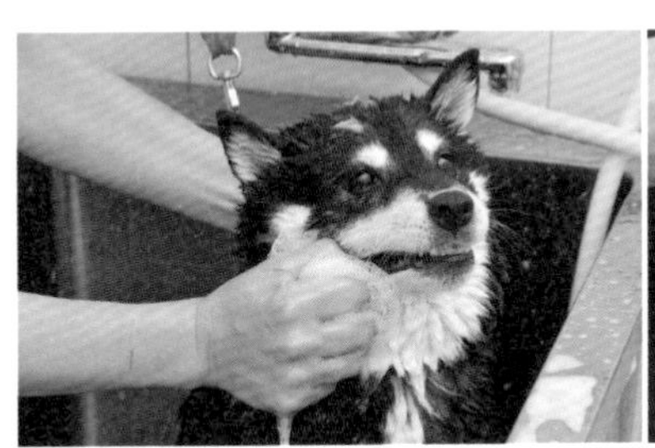

⓬臉部也同樣，讓海綿飽吸溫水後，洗掉泡沫。

⓭如果狗狗也不喜歡海綿的話，就在杯中裝入溫水來沖洗。

愛犬不喜歡吹乾作業，有沒有能迅速進行的方法？

柴犬是雙層被毛，屬於不容易乾的被毛。因此在吹乾上相當花費時間。而且，就算以為已經用吹風機吹乾了，之後還是可能會冒出濕氣。一拉長吹乾的時間，狗狗大多會不喜歡，所以乾燥的重點就是，沖洗完後使用吸水性高的寵物毛巾（可以邊擰乾邊使用的毛巾），充分擦乾水分，縮短使用吹風機的時間。

吹乾的方法（用吹風機的風撥開毛根部般地吹乾）

❶沖洗結束後，用毛巾充分擦乾水分。使用吸水率高的寵物毛巾，反覆做擦拭、擰乾的動作，儘量去除被毛的水分。

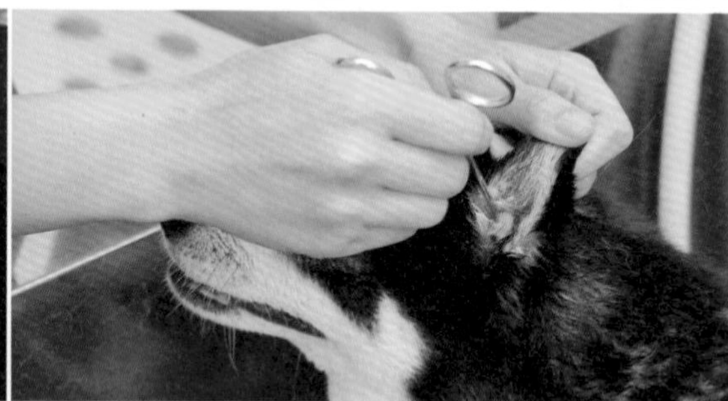

❷在這裡是用鉗子和棉花擦拭進入耳中的水分。

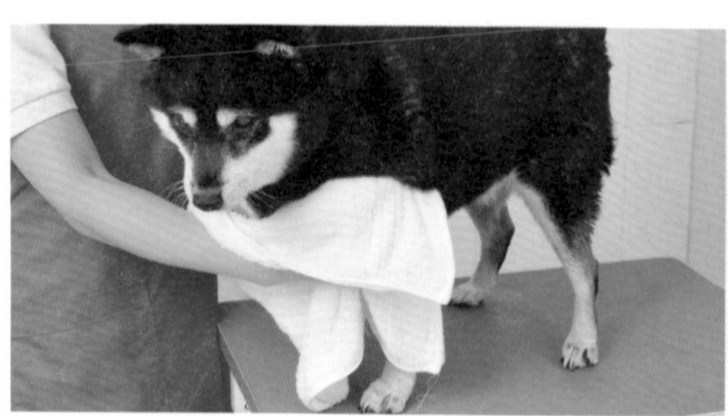

❸將狗狗放在作業用的檯子上，用浴巾再次往上擦拭。有美容桌的話，作業起來會更容易。

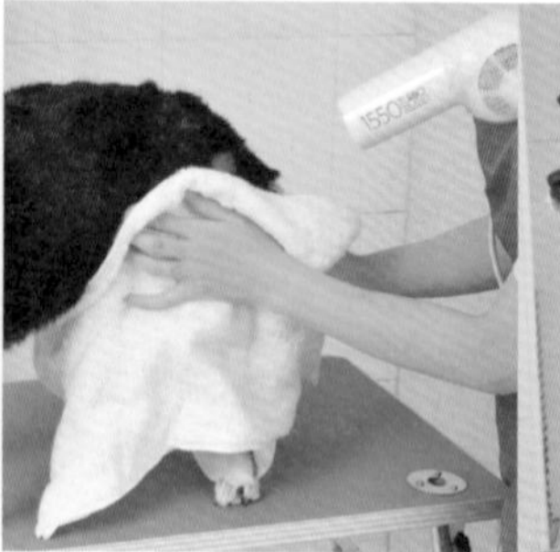

❹一邊用吹風機吹乾，一邊用毛巾擦拭。這是重點！

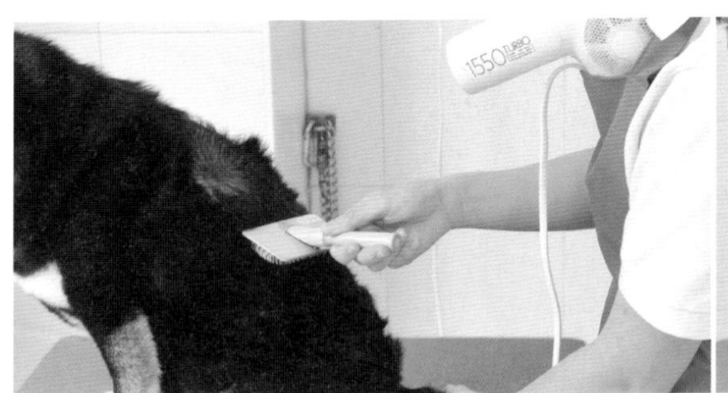

❺接著使用針梳，吹風機對著毛根處吹乾。

❻四肢也同樣使用針梳，確實地吹乾。

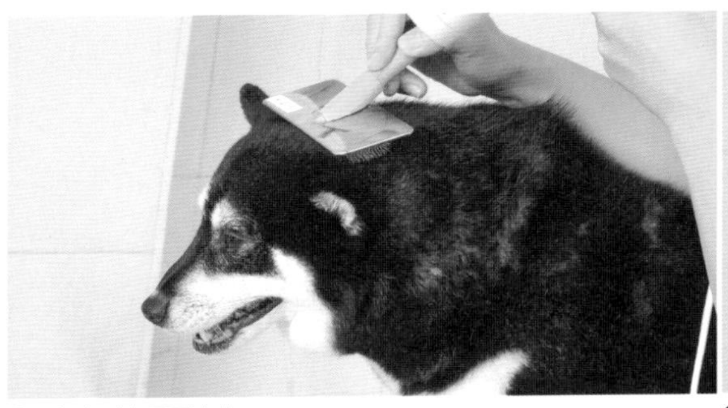

❼頭部也別忘了要吹乾。

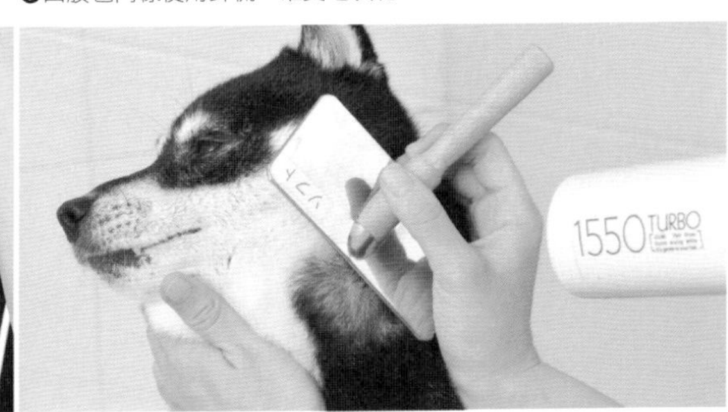

❽臉部也是一邊用針梳分開被毛，確實吹乾至毛根處。

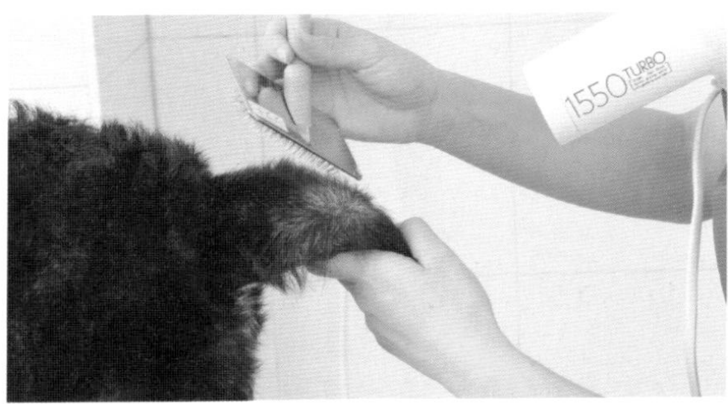

❾尾巴也有豐富的被毛，要確實吹乾。

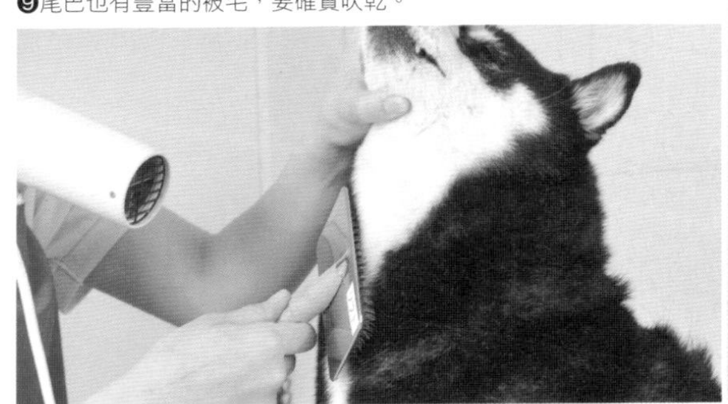

❿顎下、頸部、胸部也都是一邊使用針梳，一邊吹乾。

⓫最後將吹風機轉為冷風，去除熱氣後完成。

柴犬的標準

柴犬的理想姿態是？

柴犬在1937年被指定為「天然記念物」。出乎意料的，好像有很多飼養柴犬的人都不知道這件事。或許是因為牠很自然地就地融入了日本人之中，也融入了日本的風景之中吧？

牠的人氣每年都持續攀升，2008年度已經打入了排行榜前10名，數量也不斷地增加中。在國外也同樣受人歡迎。不管是在都心或是郊外，經常都能見到柴犬的蹤影。雖然是日本人熟悉的柴犬，但是你有正確地了解柴犬理想的姿態、性格嗎？或者你也是在沒有特別意識的情況下飼養牠，與牠共同生活的呢？

柴犬的歷程

柴犬是日本古來的土著犬，「柴」本來就意味著「小的東西」、「小的狗」。日本犬共分成「大型」、「中型」、「小型」，柴犬則被列入「小型」中。

柴犬棲息在面對日本海的山岳地帶，一直被當做是狩獵小動物或鳥類的獵犬使用。依照產地而有些微的差異，就像美濃柴之類「○○柴」的稱呼般，前面會附上地域名來稱呼。不過，因為柴犬活躍的場所逐漸被英國蹲獵犬和指示犬等搶走，同時和西洋犬之間也開始雜交，所以純種的柴犬數量變得極端稀少。1928年左右，獵人和知識份子們為了保護純種的柴犬挺身而出，在1934年由社團法人日本犬保存會制定犬種標準，1937年指定為天然記念物，進行繁殖．改良。到了現在，即使是在日本犬中，柴犬也已經成為登錄隻數最多的犬種了。

理想的體型

JKC的標準書上記載的柴犬，一般的外貌是「體型小而均整，骨架結實，肌肉非常發達。體質強健有樸素感，動作敏捷，而且是自由奔放並具有美感的」。做為獵犬，要有奔馳在山中的體力，因此必須有正確的的骨骼構成和肌肉才行。如果擁有理想的骨骼，動作也會變得敏捷，能夠輕快地活動。而這活動的姿態，當然也構成了柴犬特有的美感。

還有，柴犬的身軀構成，以身高10：身長11為理想的比例。身長方面要稍微長一點。身高是指從地面到肩胛（肩膀根處）的長度，身長則是從胸骨端到坐骨端的長度。

柴犬的性格忠實，感覺敏銳，也就是對於刺激會敏感地做出反應。富有警戒心。

身高方面，公犬為39.5cm，母犬為36.5cm，各自都有上下1.5cm的容許範圍。

關於毛色

「十二 被毛

表毛剛直，綿毛軟而密生，尾毛稍長且開立。

毛色為胡麻色、紅色、黑色、虎色、白色，毛質・毛色具有日本犬的特質特徵即可。（日本犬標準）」

在JKC的標準書中，有紅色、黑褐色、胡麻色、黑胡麻色、紅胡麻色5色，必須要是「裏白（頸下、胸、腹、四肢內側等身體內側是白色的）」才行。亦即在JKC中，全身白色是不被認可的。或許是受到電視的影響，白色柴犬在最近非常受歡迎，不過卻少有出生。在日本犬標準中，白柴雖然是被容許的，但是在展示會上卻是非常大的缺點，所以不會出場比賽。其理由或許是因為白柴有逐漸褪色（白子）化的傾向，還有從數量上來看，有色犬也比較有固定化的可能。

紅毛

這是柴犬最普遍的顏色。顏色範圍從「淡紅色」到「深紅色」，屬於鮮明的色調。

毛色的特色為「裏白」，從顎下到頸下、四肢內側、尾巴內側等會出現淡色或白色的被毛。

黑毛

這是人氣不斷攀升的顏色。但是在國外卻幾乎不受喜愛。黑毛是清晰的黑色，必須是沒有光澤、有如煙燻般的黑色。眼睛上方必須有形狀漂亮、稱為「四目」的褐色斑點才行。

胡麻毛

紅、黑、白 3 色全體互相摻混的毛色。紅底中摻著黑毛的稱為「紅胡麻」，黑毛較多的就稱為「黑胡麻」。

日本犬的「標準」

日本犬的標準是什麼時候制定的呢？管理多數日本犬血統的日本犬保存會（日保）設立於昭和7年（西元1932年）。以日本犬的特徵特質為基本，為了標示出日本犬未來的方向，而在昭和9年（西元1934年）制定了「日本犬標準」。日本犬保存會將日本犬的標準分類成小型、中型、大型3種。附帶説明的是，根據日本犬保存會的標準而決定的有柴犬、紀州犬、秋田犬、北海道犬、甲斐犬。至於其他的日本犬，各個團體也都有標準説明。

柴犬列入此標準中的「小型部」。順帶一提，小型的只有柴犬，大型的則只有秋田犬而已。成為日本犬原始犬種的是柴犬，而從繩文遺跡挖掘出來的日本犬的骨頭，也是屬於小型類的狗狗們。

雜毛，也就是斑紋的毛色。這是本來的日本犬們很普遍的毛色。日本犬有被稱為「根白」，或是「二色被毛」、「三色被毛」的毛色，一根毛從根部到毛尾會漸漸出現變化。

一	本質與其表現…充滿強悍威武感，品性優良，有樸素感。感覺敏銳，動作敏捷，步履輕快而有彈性。
二	一般外貌…雌雄外觀可明顯判定，身軀均整，骨骼密實，肌腱發達，雄犬的身高身長比為100比110，雌犬則是身長比身高稍長。身高雄性為39.5公分，雌性為36.5公分，上下各容許1.5公分的差距。
三	耳朵…呈現小三角形，稍向前傾，穩固挺立。
四	眼睛…稍呈三角形，眼尾上揚，眼睛虹膜呈深茶褐色。
五	口吻…鼻梁挺直且口吻緊閉，鼻鏡緊實，嘴唇經常保持緊閉，牙齒強健，咬合正確。
六	頭．頸…額寬，臉頰部非常發達，頸部壯實。
七	前肢…肩胛骨適度傾斜而發達，前腕筆直，腳趾緊握。
八	後肢…踩踏強而有力，飛節強韌，腳趾緊握。
九	胸…厚實，肋骨適度擴張，前胸發達良好。
十	背．腰…背直，腰強勁有力。
十一	尾…粗壯有力，形成捲尾，長度略達飛節角度處。
十二	被毛…表毛剛直，綿毛柔密，尾毛稍長且開立。毛色有胡麻、紅、黑、虎、白，毛質、毛色保有日本犬的特質特徵即可。
小型犬的被毛	
一	小型犬的白色毛做為日本犬並不受歡迎，所以是扣分的。
二	小型犬的虎色毛，在血統書上柴犬是不明記的。
三	黑色為鐵鏽色。

臉部毛色的型態剛好反過來的花紋，稱為「逆面具（reverse mask）」。

柴犬的標準是「裏白」，亦即身體的內側呈白色的類型。

chapter 4

飲食的煩惱

健康的原點，不管是人還是狗都一樣，最重要的就是飲食。
如此重要的飲食，你是否考慮過它的內容和營養均衡呢？
為了愛犬的健康，請再次好好地思考一下吧！

有沒有方法可以自己調查最適合家中狗狗的飲食內容和分量？

大家都非常清楚，我們每天給予的飲食和身體強健與否有直接的關係，飲食內容影響健康狀態甚大。一般的家庭犬無法自行覓食，所以飼主必須好好思考對愛犬而言的適當飲食才行。

長久時間和日本人一起生活的柴犬，就算是獵犬能力向來都受到要求的牠們，在現代也幾乎是做為家庭犬地受到疼愛。因此，為了培育柴犬健康的身體，適量給予每個個體適合的飲食，應該是最重要的吧！

順帶一提，治療疾病和傷痛時，飲食也會成為重要因素。例如，為了避免心臟病惡化，就必須控制鹽分；如果是皮膚病，就必須從飲食中排除致病的食材；而為了早一點治癒手術傷口，就必須有足夠的蛋白質等

等。反之，在不知不覺中持續給予錯誤的飲食，也會成為尿道結石或皮膚病等許多疾病的原因。

此外，給予的飲食內容自不待言，「飲食的給予方法」也非常重要。最大的基本原則是人和狗的飲食要確實分開。人在用餐的時候，請儘量讓愛犬待在其他的房間裡。

只要狗狗吃過一次人類的食物，就會變得不愛吃自己的狗食，而想要吃人類的食物。所以一到吃飯時間，便會開始「汪汪」地吠叫催促著。給予人類的食物，不只是在營養方面，在教養和健康上也會引起許多問題，因此要多加注意。

一天的熱量需求量和飲食量的計算方法

飲食量以狗食包裝上標示的給予量為基本。除此之外，也可以由下記的算式來求得適當的飲食量。但也不要忘了必須考慮愛犬的生活型態來做適當的調整。

❶狗狗安靜時所需的熱量

RER ＝ 70× 體重（kg）0.75 次方

or

RER ＝ 30× 體重（kg）＋ 70　※ 體重在 2 ～ 45 kg的範圍時

❷狗狗一天所需的熱量（DER）

每日的熱量需求量（DER）＝

係數 × 安靜時的熱量需求量（RER）

※ 係數		
	已避孕・去勢的成犬	1.6×RER
	未懷孕未處置的成犬	1.8×RER
	有肥胖傾向的成犬	1.2 ～ 1.4×RER
	工作犬	2.0 ～ 8.0×RER

❸查出包裝上標示的狗食每 100g 的代謝熱量（ME）

❹（DER÷ME）×100 ＝適當的飲食量（g）

※ 由於這只是大致標準，在給予算出的飲食量約 10 天後，請重新檢查狗狗的體重和體型。

1 柴犬幼犬期時在飲食上的注意事項

帶回家裡後，先給予和原先家庭相同內容的食物，慢慢地再改變成自家的飲食內容。初次給予乾狗糧時，先給幾粒看看，如果狗狗能咯吱咯吱地嚼，就沒有問題；如果狗狗是整顆用吞的，最好將給予乾狗糧的時間往後挪，可能是比較好的做法。

糞便是健康的判定標準。健康的糞便是呈較黑的小顆粒狀。請檢查愛犬的糞便是否有黏糊感？是否為膠狀？顏色如何？氣味是否很難聞？等等。

還有，在幼犬時期給予大量鈣質的話，可能會妨礙幼犬骨骼的正常成長，產生讓骨骼形狀彎曲等不好的影響。請勿另外為幼犬補充鈣質。

2 柴犬成長期時在飲食上的注意事項

只要給予的是綜合營養食，就不會有營養不足的情況。最大的問題是過度給予。平常就要仔細檢查健康狀態，注意避免讓愛犬變得肥胖。

偶爾夜間空腹時，可能會有胃液變濃，清晨嘔吐的情況發生。然而，狗狗偶爾吐出胃液，是胃部清掃時必要的正常現象，所以不需擔心或是思考對策。不過，如果是頻繁嘔吐，就有可能是某種疾病所導致的，請到動物醫院接受診察，找出根本原因吧！

3 柴犬高齡期時在飲食上的注意事項

隨著年齡的增加，腳和腰部等也會漸漸衰弱，不妨依狗狗的身體狀況來利用你認為必要的營養品等。最近市面上也有販售加入營養品的食物和飲水。請確實研讀說明，只適量地給予狗狗適當的東西。

此外，一旦上了年紀，癌症的發生率也會提高，因此最好能給予含有可提高身體免疫力、抵抗力的成分的食品。給予可以強化關節的飲食也很重要。

請告訴我不同類型或種類的狗糧各自的特徵和注意點，以做為選擇的參考。

一般來說，被稱為綜合營養食的狗糧，大致可分成3種類型。有酥脆而有咬勁、顆粒型的「乾狗糧」、罐裝或調理包式的「濕狗糧」，以及顆粒柔軟且有彈性的半生熟型的「半濕型狗糧」3種。請考慮各類型的特徵和嗜口性，再依愛犬的喜好，視情況分別給予。

除了上述依食物的類型可分成3種之外，近來更有以「超小型犬」、「小型犬」、「中型犬」、「大型犬」等依身體尺寸來分類的狗糧，以及進一步地分成「幼犬期」、「成犬期」、「高齡期」等不同生命階段的狗糧也逐漸成為主流。為了因應被細分化的消費者需求，目前市面上也推出了許多考慮到餵食的方便性和營養均衡度的綜合營養食狗糧。

其中，也有為各犬種依不同生命階段所準備的商品。近年來，強調日本犬專用、柴犬專用的製品也出現在市面上，對於高度關心愛犬飲食的飼主來說，似乎非常有吸引力。飼主可以使用這種專用狗糧，也可以和家庭獸醫師商量來選擇適合的狗糧。基本上，就是要掌握好適合該個體的飲食量，並且在每天的給予方法上預先決定好規則。

還有，狗狗經常會將食物整個吞下去。請考慮愛犬的體型大小，在挑選乾糧時，還是選擇容易食用的顆粒大小和形狀為佳。

	乾糧	濕糧	半濕糧
優點	・經濟 ・熱量密度高，適合食量小的狗狗 ・可自由餵食	・嗜口性高 ・可同時攝取水分（適合授乳期） ・可長期保存	・嗜口性高
注意事項	・必須供應充分的飲水 ・開封後以密封容器保存，1個月內食用完畢	・開封後要在短期間內食用完畢 ・美食型的一般狗糧，要注意營養的均衡 ・每單位熱量的單價較高	・有使用水分保存劑（糖分等） ・給予糖尿病犬時必須注意

1 最適合狗狗、營養最均衡的「綜合營養食」

餵食分量的基準 (340kcal/100g)

成犬一日的餵食標準量					
分類	體重	犬種(例)	春·秋	夏	冬
超小型犬	1kg	吉娃娃	40g	35g	45g
	2kg	博美犬	65g	60g	70g
	3kg	玩具貴賓犬、約克夏、馬爾濟斯、超迷你臘腸犬	90g	80g	95g
	4kg	迷你臘腸犬	110g	100g	120g
	5kg	蝴蝶犬、迷你雪納瑞、西施犬、迷你杜賓犬	130g	120g	140g
小型犬	7kg	巴哥犬	170g	150g	180g
	8kg	柴犬	190g	170g	200g
	10kg	柯基犬、米格魯	230g	200g	240g

標明「綜合營養食」的狗糧，表示只要給予狗狗該食物和水分，在營養上就足夠了。乾糧、濕糧、半濕糧都有推出綜合營養食，在餵食的方便度、保存的便利性、嗜口性及價格上，每種飼料都有不同的特徵，可供選擇的幅度也大幅增加。在包裝上會標示各犬種和體重的標準給食量，只要套用在愛犬身上給予即可。

2 按照不同的生命階段來給予狗糧

以前的狗糧，不管年齡和身體狀況，各個世代的狗狗都餵食同一種狗糧。不過，現在按照「生命階段」來區分已是理所當然的事了。基本上會分成 Puppy（幼犬用）、Adult（成犬用）、Senior（老犬用），甚至還有更進一步細分年齡的。此外，也有考慮犬種特徵的「柴犬專用」狗糧，特別強化了維生素・礦物質和 DHA 等，在營養上更加均衡。

3 依需要來選擇機能食品

近來，市面上也出現了許多可以照顧眼睛、被毛、關節、胃腸等身體各部位的健康、含有幫助各部位的營養成分的機能食品。希望能從每天的飲食中打造健康的身體，以免愛犬生病，或是在健康上出現問題。想突顯柴犬的特徵，或是想強化擔心部位的飼主，或許可以嘗試看看。

家中狗狗非常挑嘴而難以取悅。怎麼做才能讓牠乖乖地吃給予的食物呢？

不太跟陌生人或陌生狗狗親近的性格，是柴犬受到玩賞家喜愛的優點之一。另一方面，如果未能有效引導出牠對飼主順從的個性，恐怕會增強其對周圍的警戒心和頑固性。這些情況會漸漸跟自我連結起來，結果就是增長了不聽話的個性。在「挑食」、「不肯吃」的背景上，或許也深受狗狗自己想怎麼做就怎麼做這種任性性格的影響吧！

例如，你是不是只要愛犬一表現出不吃的樣子，就會很在意，而在不知不覺中給牠各種東西吃？這種行為一旦習慣化，狗狗就會學習到只要不吃不喜歡的食物，就能獲得更好吃的東西。狗狗藉著飲食來控制飼主的結果，就會發生食量小和偏食的情形。這種情形大多是從幼犬時養成的壞習慣，所以幼犬期的給食方法必須要注意才行。

就算再怎麼不吃，只要是維持健康的最少必需量，大部分的狗狗最終都能吃完。如果狗狗就是不吃的話，就算少掉一餐也不會有多大的問題。但這時要注意的是，吃剩的食物不要一直放在餐碗裡。請儘量每天固定在相同的時間餵食，讓狗狗知道可以吃東西的時間和不能吃東西的時間吧！

如果對愛犬的食量小傷腦筋的話，不妨仔細觀察愛犬的體型和體質，以理解的眼光來看待牠吧！但是，吃得不多又顯得有氣無力時，很可能是罹患了某些疾病，這時請儘速帶往動物醫院接受診察。

影響狗狗胃口的 3 大要素

氣味

一般認為狗的嗅覺是人類的數千倍到數萬倍，這當然會對飲食的喜好帶來極大的影響。例如，食物的脂肪成分就算稍微氧化了，人類也不會察覺，但狗狗卻能馬上知道。這或許也是剛開封時牠吃得很高興的飼料，過了一段時間後卻連看都不看一眼的原因之一。看到這種行為的飼主，可能會以為「難道是吃膩了嗎？」而採取錯誤的處理方法。

口味

你知道狗狗能感覺到的味道比人類的還多嗎？尤其是辨識肉味的能力特別高，即使同為牛肉，牠也能清楚分辨高級肉的胺基酸和劣質肉的胺基酸。所以比起便宜的肉，高級牛肉會讓牠吃得更高興。一旦吃過好吃的東西，對於自己覺得不好吃的東西就會漸漸變得不想吃了。

口感

對狗狗來說，進食時牙齒和舌頭的觸感，是從食物中獲得喜悅的重要因素。乾狗糧中混入的碎小穀類，或是濕狗糧中所含的顆粒和形狀等，都會深深影響狗狗的嗜口性。即使是相同的狗糧，只要製造過程中發生問題，或是因食材良莠不齊而使得成分稍有不同的話，狗狗可能就會覺得不對勁而不吃了。

不吃東西時，有可能是疾病的徵兆

❶ 幼犬不吃時

正在成長、食慾旺盛的幼犬不吃東西可是大事一件。首先要懷疑身體是否有異常。例如，不小心吞入異物（小石子或玩具 etc，這個時候會連水都不喝，大多還會伴隨著嘔吐）、寄生蟲疾病（大多伴隨著下痢或嘔吐）。此外，換牙的時候，因為牙齒的關係，可能會出現就算想吃也無法吃的舉動。

❷ 成犬不吃時

如果是成犬，就像在難以取悅的柴犬身上也常看到的，大多數的原因都是任性或是頑固所造成的。雖說如此，當然也有可能是因為某種疾病而造成食慾低落。最可能的原因幾乎都是急性胃腸炎。或許是因為吃了人給的東西，或是撿食了掉在庭院或散步途中的食物所導致的。症狀除了食慾不振外，通常也會發生下痢和嘔吐。

❸ 老犬不吃時

首先要懷疑是牙周疾病。牙齒一旦脫落，就無法進食，也不喜歡別人碰觸牠的嘴巴周圍。其次大多是慢性疾病正在進行的時候。狗狗年紀大了，經常會有心臟病或腎臟病等外觀上看不出來的疾病。稍有壓力就會使得疾病表面化，變得食慾不振，同時失去活力，也會出現嘔吐和排尿異常的現象。

對「不吃」的柴犬的處理方法

　　就算偏食情況嚴重，只要肚子餓，大多數的狗狗還是會吃。肚子餓了還是不吃時，原因可能是精神創傷或是罹患了某種疾病。

　　正在吃飯時曾經有過不好的經驗，可能就是造成牠不吃飯的原因之一。例如，用餐時旁邊發出了巨響使狗狗感到害怕，或是該次的進食導致嘔吐等等。狗狗一旦有過那樣的經驗，就可能會產生「吃飯＝討厭的事情」的印象，而變成想要逃避吃飯這件事。

　　若是這種情況，只要將不好的印象轉變成好的印象就行了。狗狗吃飯了，就馬上給予讚美，或是帶牠出去散步做為獎勵，或是少量給予只有這個時候才能吃到的零食等等，試著多用各種心思。這種方法，用在對吃這件事不感興趣的狗狗身上也一樣有效。

讓狗狗吃飯的訣竅	
○	溫熱、泡脹（發出香氣）
○	由飼主的手給予（改變給予的環境）
○	讓牠和同居犬或狗狗朋友一起吃（煽動競爭心理）
×	食物長時間放置
×	因為狗狗不吃，就馬上給牠其他的食物

愛犬家的朋友們推薦手作狗食，不過對狗狗來說，在營養方面難道沒有需要擔心的地方嗎？

身為日本土著犬的柴犬，有自古以來就吃人類剩菜剩飯的歷史。雖然未必因此就表示牠適合吃手作食物，不過就在幾年之前，這樣做的家庭普遍可見也是事實。

現在，幾乎所有的柴犬吃的都是狗糧。做為飼主對愛犬的愛情表現，甚至也有不少家庭會另外再撒上或是混合一些小佐料。絞盡腦汁選擇佐料食材，或是經常使用佐料專用狗糧的家庭應該也是有的。

其中，也不乏每餐都親自烹調的人。因為是用和人相同的食材，所以很安全，還可以用不同的烹調方式來調理，愛犬也吃得高興，這些部分應該會給飼主很大的滿足感吧！

本來，對狗狗來說，只要給予營養最均衡的綜合營養狗糧和水，在飲食方面的健康管理就已經足夠了。即使如此，不少飼主仍然對親自烹調感興趣，除了食材實在、安全安心之外，最主要的原因應該是「能將愛狗狗的心情融入飲食中」這一點大大搔動了飼主的心吧！

如果想親自為愛犬烹煮食物，請向獸醫師詢問，接受建議後，再來烹調適合愛犬、營養均衡的食物。為此，就要計算營養成分的需求量，考慮年齡和體重，來決定一天所需的熱量和蛋白質的需求量；然後是脂肪、碳水化合物，視需要再添加食物纖維；最後再加上維生素和礦物質，進行菜單的最終評估。

自己烹調食物，需要花工夫、時間和金錢，不過要是能夠習慣化，一定可以引發飼主的滿足感。在轉為真正實踐前，重要的是先考慮狗狗原本的健康，飼主本身也要好好學習狗狗飲食方面的知識才行。

狗狗必需的6大營養成分

對狗狗來說，必需的營養成分的量和均衡狀況跟人類是不一樣的。狗狗有牠們天生的營養需求，並且會隨著生活階段而變化。基本的必需營養成分有蛋白質、脂肪、碳水化合物（醣質、纖維質）、維生素、礦物質和水。這「6 大營養成分」又被分為產生熱量的營養成分（蛋白質、脂肪、碳水化合物），和不會產生熱量但在維持身體機能上有重要功能的營養成分（維生素、礦物質、水）2 大類。

狗狗的熱量需求量（成犬）

體重	所需卡洛里
1kg	130kcal
5kg	440kcal
10kg	740kcal
15kg	1010kcal
20kg	1250kcal
30kg	1690kcal
40kg	2100kcal
50kg	2480kcal
60kg	2840kcal

※這是大致上的數字，實際上會因狗狗的身體狀況和年齡而有變化。

不可給予狗狗的食材

❶ 蔥、洋蔥

以蔥、洋蔥、韮菜為代表的蔥類，幾乎都會引起中毒。不管量有多少，蔥類都具有溶解狗狗紅血球的作用，即使加熱也不會被破壞。也就是說，漢堡排或是放有蔥類熬煮的湯汁等都不可給狗狗食用。

❷ 巧克力、糕點類

巧克力製品、有使用巧克力的糕點類、洋芋片、仙貝、蛋糕和餅乾等，都含有大量的糖分、鹽分和油分。狗狗一旦攝取了超過需求量的這些食物，除了會造成肥胖外，也會成為心臟疾病、糖尿病的原因，所以絕對不能給予。此外，木糖醇可能會引發低血糖和重大肝臟疾患，主要的表現症狀是嘔吐和沒有精神等，所以含有木醇糖的口香糖或糖果類也不可給予。

❸ 烏賊、章魚、貝類

烏賊、章魚和貝類難以消化，有時會出現嘔吐和下痢等症狀。此外，生的海鮮食品中含有大量的硫氨素酶（破壞維生素 B1 的酵素），可能會導致心臟肥大或四肢失調。

❹ 帶骨的雞肉和重口味的料理

雞翅或有骨頭的雞肉，具有一經加熱，骨頭就會碎裂而變得銳利的特點。如果連著骨頭一起吃下，尖銳的骨頭可能會刺傷食道或胃部，非常危險。給予雞肉時，一定要先除去骨頭。此外，重口味的料理，因為會造成鹽分等的攝取過度，所以不可給予。

❺ 香辛料

鹽、胡椒、芥末、山葵等香辛料是有刺激性的食物，卻是營養上不需要的東西。一旦攝取可能會對內臟造成負擔，或是引起下痢或麻痺。雖然不是狗狗主動會去吃的東西，但飼主還是必須要注意，以免狗狗誤食。

現在雖然不擔心體重超重的問題，但還是想先知道萬一時的減肥方法……

說到柴犬的體型屬於哪一種，我想大家常見的應該都是體型結實的柴犬。儘管如此，柴犬還是經常給人貪吃鬼的印象，偶爾也可以看到肥胖的狗狗，或是身體圓滾滾得好像懶得走動的狗狗。

愛犬變得肥胖，不管怎麼說，最大的原因還是飼主在日常上給予了過度的飲食。絕大部分的肥胖案例，都是因為不管是正餐還是零食，飼主在餵食時都沒有考慮到適合該狗狗的食量。看到愛犬因食物擺在眼前而高興歡喜的模樣，是飼主極大的喜悅；不過若是因此而讓狗狗變胖的話，費盡心思的愛反而會害了牠。

肥胖除了是心臟病和糖尿病等各種疾病的原因之外，過重的體重也會產生各種負擔。尤其可能會引起關節毛病，所以保持適當的體重是非常重要的。

還有，飲食過度不只會成為肥胖的原因，還有另一個嚴重的問題。較為肥胖的狗狗，會隨著熱量而攝取到過多的營養成分。如果是維生素B1或維生素C等就算過多也不會有問題的營養成分就沒關係，但如果是鈣、鎂、磷、維生素A或E等，過度攝取的話可能就會對身體造成不好的影響。例如，膀胱或腎臟會變得容易形成結石，或是骨質變得疏鬆，或是繁殖率降低等等。營養偏差的原因，可能是給予狗狗親自烹調的食物時算錯了熱量，或是給予人類的食物或零食等。

此外，給予造成肥胖的高脂肪飲食，也可能造成皮膚問題惡化，或是誘發高脂血症。請回顧日常生活的情況，注意是否有類似的事情發生。

來訂定適合愛犬的減肥計畫吧！

有效的減肥方法有2個。一個是限制飲食，另一個是適度的運動。不過，這裡必須注意的是，肥胖的狗狗如果讓牠做激烈或是長時間的運動，對心臟、肺部、關節等會有負擔過重的危險。所以要先限制飲食，等減輕體重後，再持續增加運動量，以防止復胖，這應該是最有效的方法。在此介紹讓減肥成功的4個計畫。請試著找出適合你家愛犬的方法。

1 更換成最適合減肥的飲食

重點不在於減少食量，而在於減少熱量。請將目前為止給予的狗糧更換為以減肥為目的的體重管理用狗糧。請確認製品包裝背面標示的「標準給予量」，並以此為參考來給予目前體重該當的量。

2 增加吃飯的次數

不要將狗狗一天的給予量只分成1、2次餵食，而是要儘量分成數次給予。因為分成幾次來餵食，可以讓愛犬增加飲食的樂趣，也容易得到滿足感。次數以5～6次為理想，如果這樣會讓飼主的負擔加重的話，也可以分成3次左右來進行。

3 給予零食時，要從一天的飲食中扣除掉相當的熱量

如果有給予零食的習慣，請儘量控制在一日攝取熱量的1成左右。重點在於，要在正餐的飲食量中減掉相當於零食的熱量。而且跟狗糧一樣，也要儘量選擇低熱量‧高蛋白質的零食。最好可以用日常給予的狗糧來代替零食使用。

4 幫狗狗尋找「吃」以外的樂趣

配合飲食管理，讓狗狗將注意力轉移到運動或遊戲等飲食以外的事情上。如果對愛犬來說，吃東西是「最大的樂趣」，飼主就要想辦法讓吃東西變成「樂趣之一」。慢慢增加遊戲的時間或散步的距離，找出可以增加彼此交流的事物吧！

能輕易檢測肥胖度的「身體狀況評分（BCS）」

要檢測愛犬的肥胖度，有個簡單的方法就是身體狀況評分（BCS）。BCS 是調查該狗狗是肥胖還是太瘦，或是剛剛好的大致標準。BCS 以 3 為標準，4 是肥胖，5 是重度肥胖；反之，2 是稍瘦，1 為過瘦。

進行該項判斷並不需要特別的工具。以外觀和觸摸的感覺就能決定。第一個重點是從上方看時，是否有腰身。如果有腰身，就是 3 以下；如果腰身和臀部一樣寬，就是 4；如果腰身比臀部還要突出則為 5。

若為 BCS4，可以推測出其體重約超重了 15%；BCS5 則是超重了約 30%。例如現在的體重是 12 kg，BCS4 的狗狗的理想體重應該是 10.2 kg，而 BCS5 的狗狗理想體重就是 8.4 kg。

覺得腰身過度明顯時，請觸摸一下肋骨。如果能摸到肋骨的凹凸，同時也能明顯摸到脊椎的話，就是 BCS1 的過度削瘦。

身體狀況評分（BCS）的基準

Canine 

BCS	1 削瘦	2 體重不足	3 理想體重	4 體重過重	5 肥胖
理想體重(%)	≦85	86～94	95～106	107～122	123≦
體脂肪(%)	≦5	6～14	15～24	25～34	35≦
肋骨	沒有脂肪覆蓋，可輕易觸摸到	覆蓋著非常薄的脂肪，可輕易觸摸到	覆蓋著薄薄的脂肪，可觸摸到	覆蓋一層脂肪，很難觸摸到	覆蓋著厚厚的脂肪，非常難觸摸到
腰部	沒有脂肪，骨骼凸出	稍有脂肪，骨骼凸出	覆蓋著薄薄的脂肪，有平順的輪廓，可以觸摸到骨骼	脂肪稍厚，勉強可以觸摸到骨骼	脂肪很厚，很難觸摸到骨骼
體型	從側面看，腰部的凹陷很深；從上面看，呈極端的沙漏型	從側面看，腰部有凹陷；從上面看，呈明顯的沙漏型	從側面看，腰部有凹陷；從上面看，腰部有適當的弧度	從側面看不見腰部凹陷，從上面也看不見腰身，背面略微向旁邊擴展	腹部突出下垂，從上面看完全沒有腰身，背面明顯外擴

（資料提供：Hill's-Colgate（JAPAN）Ltd.）

愛犬都有好好吃正餐，可是對零食卻又非常喜愛，很擔心熱量上會不會過度攝取……

現在，對飼主和狗狗來說，零食都是不可欠缺的溝通工具之一。拿出零食給愛犬看後，牠那眼睛發亮的期待模樣，對飼主來說大概是任何東西都難以取代的喜悅吧！

零食不但能夠隨時準備、輕鬆給予，而且類型和種類極富變化，因此挑選時也充滿了樂趣。和狗狗一起生活的家庭必不可少的零食，能夠讓給予方．接受方都有幸福的感覺，因而非常受到重視。

絕大部分愛狗人士的家裡都會有零食。如果能夠正確地給予，再也沒有比它更有助於建立彼此關係的東西了；但若只是為了看到愛犬高興的模樣而給予的話，只不過是飼主的自我滿足罷了。就算決定好一天的飲食量，若未將零食計算在內，熱量當然會超過。可以想見，狗狗因為想要吃零食，所以即使到了正餐時間也對狗糧不屑一顧，就這樣養成了偏食的習慣。

不僅如此，無法拒絕愛犬的要求而給予零食，反而會讓飼主的行動受到狗狗的控制。對於頭腦聰明又頗為貪吃的柴犬來說，一旦知道自己的要求行得通，只會更加死乞百賴地強求。過度給予零食，在教養方面也可能發生問題。最好全家團結一致，在一定的規則下，有效地給予零食吧！

在給予零食的方法上用點心思，有助於提升愛犬的健康和心理層面

零食也可以用在教養上

不要只是因為想讓愛犬高興而給予零食，不妨試著當做教養的一環來加以利用。也就是不要在日常中無意識地給予，而是要發出教養指令後才可以給狗狗。即便只是坐下、趴下、等一下、跟好等非常普通的指令也可以。請將零食定位成一種為了引導愛犬做出自己希望的動作，對彼此而言都是很特別的工具。只要提高愛犬想要零食的動機，即使狗狗在散步途中被什麼東西吸引了，只要拿零食給牠看，應該都能促使狗狗立刻集中注意力。

選擇有機能性的零食

我想大多數的人都是依嗜口性、投食方便性、形狀等條件來選擇零食的，幾乎每天都很自然地會給狗狗吃零食。既然都要吃，何不給愛犬對健康有幫助的東西呢？近來市面上也出現了各種機能性的零食，有有益牙齒的、具有整腸作用的，還有內含有益眼睛和被毛的營養補充成分的等等。找出可以照顧愛犬健康的零食給狗狗吃，對飼主來說應該也是很大的喜悅吧！

和育智玩具一起組合

和零食一樣，各位的家中應該也有很多玩具。玩具雖然比較傾向於單純地給予，但其實下次購買玩具時，不妨試著將育智玩具和零食組合在一起看看。將零食放進玩具裡面，讓狗狗想辦法將零食取出的玩具，可以刺激狗狗的好奇心和食慾等雙方面。一邊玩還可以吃到最喜歡的零食，狗狗想必也會更熱衷於玩具。而一邊動腦一邊投入遊戲的結果，或許還有助於提升智能也不一定。

用狗糧代替零食

在兼顧每天的正餐下給狗狗吃零食，有時還是會擔心熱量是否超過吧！雖然如此，但若不給牠獎勵品，狗狗又好像很可憐。這時，不妨用平常給予的狗糧來代替零食。先將一日份的飲食量分裝進容器中，再從裡面拿出來當獎勵品，就能一眼看清楚知道吃掉的量，非常方便。因為是每天吃慣的東西，所以狗狗應該也能吃得順口。也很適合用於體重管理、熱量管理上。

頸牌和微晶片

飼養柴犬時，一定要做登錄。出生後超過3個月的狗狗，必須在開始飼養的30天以內登錄才行。登錄之後就會領到「頸牌」。頸牌上標記有發行的市鎮村和狗狗的號碼。

話説回來，你知道頸牌從以前到現在一直在變化嗎？從枯燥無味的橢圓型到狗狗型、蹠球型、骨頭型等，各種形狀的頸牌紛紛登場。這是因為日本在2008年4月時，將頸牌的規定做了部分修正，修改成可以任意決定形狀。因為希望小型犬們可以漂亮地配戴頸牌，所以也充滿了各種創意。

除了頸牌外，另一項不能忘記的就是狂犬病的預防注射完成貼紙。近來，隨著狗狗咖啡店和狗狗運動場、購物商城等的增加，和其他狗狗碰面的機會也越來越多，預防注射和頸牌也是保護愛犬的一種自衛對策。

東京都新宿區的頸牌是可愛的小狗型，港區、中央區也是採用這樣的小狗形狀。海報上呼籲要配戴頸牌的是法國鬥牛犬・梅隆。注射完成牌也變小了，可以很自然地固定在小型犬的項圈上。

世田谷區和民間義工團體以「一般犬隻計畫」共同活動中。注射完成貼紙可以貼在頸牌後面，造型極為簡潔。世田谷的海報是波士頓㹴的插畫版。

頸牌的設計者是世界級的設計師・深澤直人先生。簡單的純白鋁片非常具有時尚感。

災害時、愛犬失竊時的最佳伙伴　微晶片

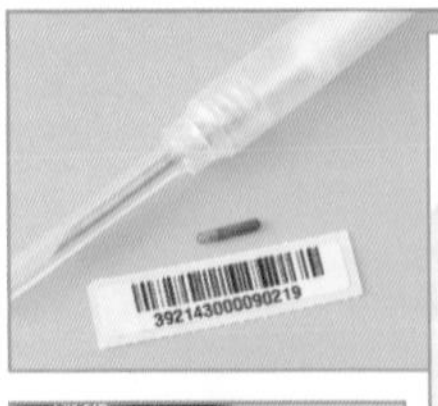

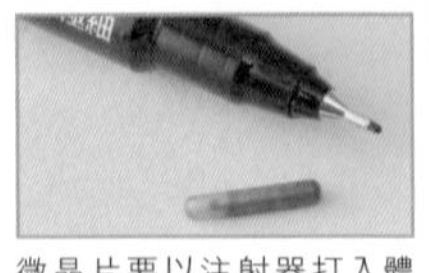

微晶片要以注射器打入體內。可到動物醫院施打。

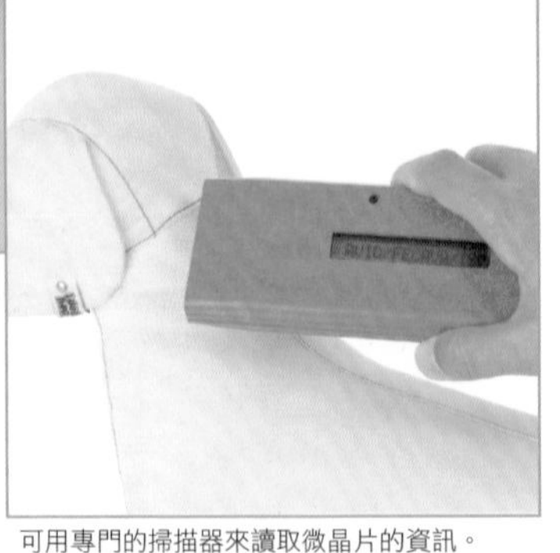

可用專門的掃描器來讀取微晶片的資訊。

除了頸牌，要識別每隻狗狗的方法還有微晶片。這是在長約12mm、直徑約2.1mm的動物組織共容的玻璃管中封入IC而製成的，IC中記入了15位數、只屬於該狗狗的數字。藉由專門的掃描器讀取微晶片上的資訊，就能知道是哪裡的狗狗。即使是災害時項圈掉了，只要有微晶片，就能加以識別。就算是被人故意解開項圈也不用擔心。國外的微晶片普及率相當高，有些國家甚至規定從國外帶入狗狗時，一定要植入微晶片。

在日本，是由（財）日本動物愛護協會、（社）日本動物福祉協會、（社）日本愛玩動物協會、（社）日本動物保護管理協會、（社）日本獸醫師會所成立的AIPO（動物ID普及促進協會）來進行微晶片的推廣活動。

※上述情報為2009年10月之資訊。

chapter 5

健康和疾病的煩惱

不管什麼犬種，身為飼主總是擔心愛犬會生病。
希望牠能永遠健康地生活下去，是所有飼主的願望。
為了守護愛犬的健康，請先想想可以做的事和要牢記的事吧！

徹底解決疾病的煩惱！但是在此之前……

你是否有留意「早期發現」？

在愛犬小時候，只要一覺得不對勁，就會擔心得立刻帶牠上醫院；但是等愛犬長大後，大多就不再像以前那樣驚慌失措，而是會先暫時觀察一下情況。當然，讓愛犬在過度保護的情況下成長並不好，但不管是狗狗還是人類，早期發現都是最重要的。尤其是柴犬，由於忍耐力強，即使身體不適，大多也不會表現出不舒服的樣子。如果覺得牠的樣子好像有點怪怪的，請不要自行判斷，而是要帶牠去動物醫院，進行正確的處置。請兼做肌膚接觸，讓愛犬早點習慣讓人觸摸牠的身體各部位來進行身體檢查吧！

為愛犬進行身體檢查吧！

耳朵
正常的耳朵皮膚光滑，沒有氣味也沒有傷口，清潔而乾燥，幾乎不會感覺疼痛。如果有傷口或結痂，出現紅腫、臭味、分泌物變多、搔癢、疼痛時就要注意。

鼻子
健康鼻子會適度的濕潤。若是鼻子的皮膚顯得乾燥、出現黃綠色分泌物、出血時就要注意。

嘴巴
不僅是牙結石，也要觀察牙齦和舌頭的顏色。若是有出血、口臭、口水變多、腫包等就要注意。另外，也要注意CRT時間。用手指壓一下牙齦再放開，顏色從白色變回粉紅色的時間要在1～2秒以內才算正常，如果超過這個時間才回復，就表示心臟和血管循環的狀態不佳。

皮膚
健康的皮膚（被毛）是有光澤的。如果頻繁地抓癢、皮膚發紅、出現掉毛時就要注意。

腹部
下痢時，腹部會出現咕嚕咕嚕的聲音。若為母犬，要記得檢查乳腺周邊是否有硬塊。

腳
檢查一下是否有拖著腳走路，或是像兔子一樣跳著走路的情況。

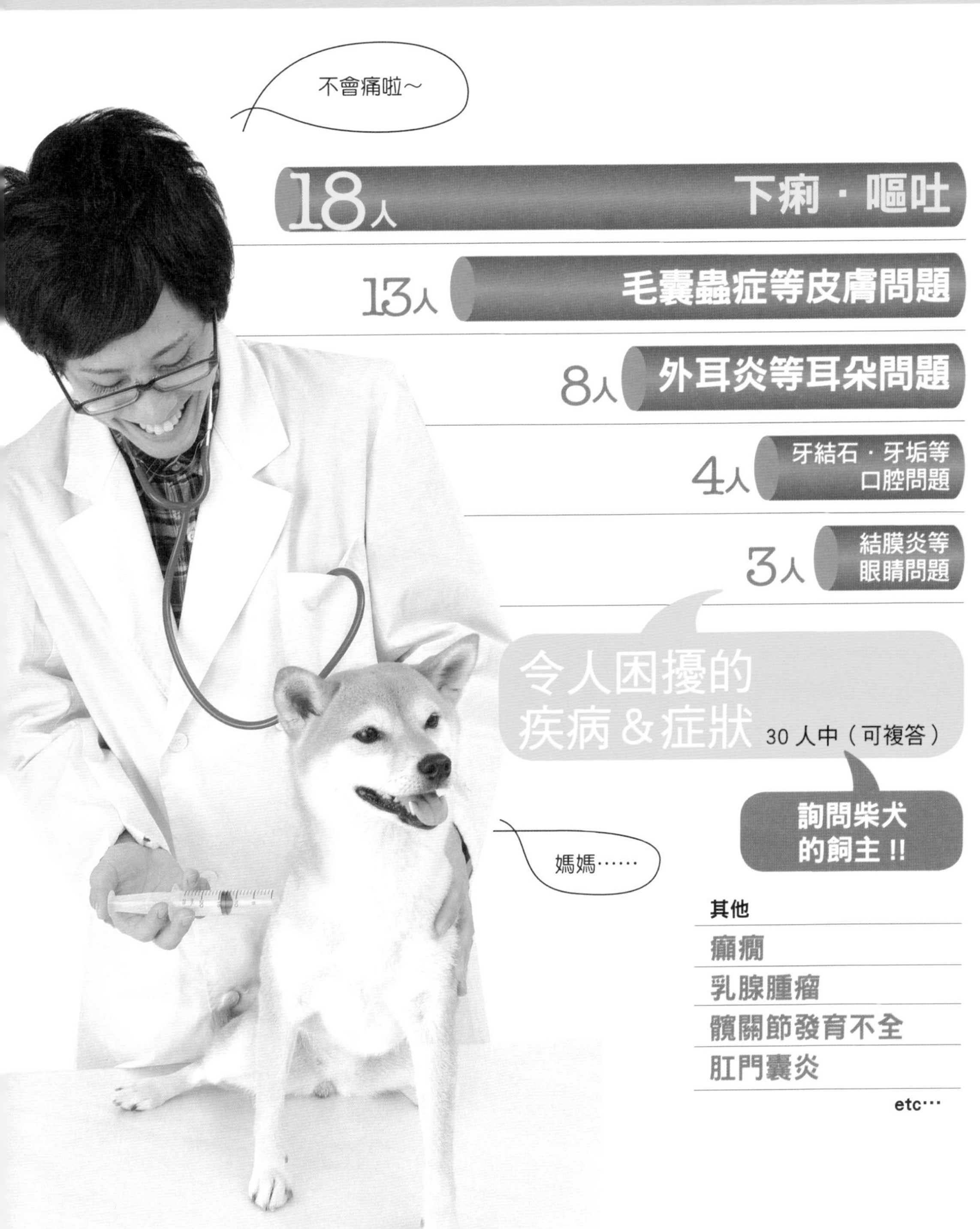

令人困擾的疾病&症狀 30人中（可複答）

詢問柴犬的飼主!!

18人 下痢・嘔吐

13人 毛囊蟲症等皮膚問題

8人 外耳炎等耳朵問題

4人 牙結石・牙垢等口腔問題

3人 結膜炎等眼睛問題

其他

- 癲癇
- 乳腺腫瘤
- 髖關節發育不全
- 肛門囊炎

etc…

聽說柴犬很常得皮膚病。有什麼樣的皮膚病呢？

在一般認為不太容易生病的柴犬之間，最近成為問題的疾病是皮膚病。「什麼嘛！原來是皮膚病！」──雖然很容易像這樣輕忽地不放在心上，然而，說是皮膚病，卻是不容忽視的皮膚病。

首先第一個問題是，皮膚病會帶給狗狗很大的精神壓力。人類也是一樣，「癢到抓個不停」的狀況是讓人無法忍受的。甚至會陷入萬一抓破皮，就會再增加新搔癢的惡性循環中。接下來的問題是，跟人類一樣，皮膚病是非常難以根治的疾病。如果是原因明確的皮膚病，只要消除該原因就能夠治療；但若是罹患的狗狗也日益增加的過敏性皮膚病，難以完全根治卻是現狀。雖然查明過敏原因的過敏原檢測已經很普遍了，但是要完全排除過敏原卻也是非常困難的事。

這些都是皮膚病會帶來的大問題。在這樣的現狀中，想辦法解決問題或許可以說是飼主的課題吧！

1 過敏造成的問題

異位性皮膚炎

和人類一樣，因為吸入成為過敏原因的物質而發病的皮膚炎。成為過敏原的物質可能是跳蚤或蜱蝨，而近來家塵成為過敏原的例子也越來越多。如果是異位性皮膚炎，在耳朵、眼睛等的顏面、腳尖、腋下、關節內側、四肢根部的內側等會出現嚴重的搔癢。去除過敏原雖然是解決方法，然而要100%去除是很難做到的。可以一邊用藥物治療，一邊排除過敏原並保持環境清潔。

食物造成的過敏

先調查是什麼樣的食物所造成的。食物造成的過敏，會在比較短的時間內出現症狀。一般來說，先是顏面形成搔癢，依照情況有些狗狗也可能會有發燒，或是出現下痢或嘔吐等症狀。症狀雖然很快就平復了，但是只要一吃到相同的食物，就又會再次出現症狀，也因此能夠特定出成為過敏原的食物。只不過就狗狗來說，食物所引起的過敏發病的可能性可以說是相當低的。不妨更換成低過敏食物，藉由減敏療法來進行治療。

2 寄生蟲或真菌

這是由於寄生蟲或真菌類等附著在狗狗身上而發生皮膚病的病例。

皮屑芽孢菌感染症

原因是屬於真菌類的皮屑芽孢菌（Malassezia）增殖。皮屑芽孢菌一般會在耳垢中繁殖，但通常就算寄生了也不會有問題，所以避免其增殖地經常幫牠清潔耳朵是很重要的。另外，像是避免攝取造成分泌物變多的高脂肪食品、避免肥胖等生活習慣的改善，也是不讓皮屑芽孢菌增殖的方法之一。附帶説明的是，除了耳朵以外，身體較油膩的皮膚部分等，也可能會有皮屑芽孢菌。

皮膚絲狀菌症

這是感染了和皮屑芽孢菌同屬真菌的一種絲狀菌而發病的皮膚病。

也可能是來自泥土等的自然感染，不過大多是由附著真菌的梳子或電剪等所造成的感染。主要症狀為約1～4cm大的圓形脱毛，但是不至於擴及整個身體表面。因為脱毛的方式不同，所以幾乎不會和荷爾蒙系疾病的脱毛產生混淆。

3 荷爾蒙的異常

體內分泌的荷爾蒙異常也會引起皮膚病。另外，即使不到被毛脱落的程度，有些病例也會因為受到荷爾蒙影響而出現毛色光澤不佳、皮膚狀態異常等情況。順便説明，荷爾蒙原因所造成的脱毛並不會伴隨搔癢。

荷爾蒙性皮膚炎

4～5歲以上的狗狗出現脱毛現象時，原因經常出在荷爾蒙異常。由於造成脱毛的荷爾蒙不同，脱毛的部位也會不一樣。例如，腎上腺皮質荷爾蒙會造成從軀幹開始的廣泛性脱毛；如果是性荷爾蒙所造成的，則會造成生殖器官或肛門周邊的脱毛。

可投與荷爾蒙藥來進行治療，只不過，荷爾蒙分泌異常的原因也可能在於其他疾病，如果是這樣的情況，當然就必須先治療該疾病了。

甲狀腺機能低下

甲狀腺的機能因為某種原因而日漸低下時，也會出現脱毛。罹患此病時，可以見到軀幹的左右兩側出現脱毛，被毛也失去光澤，變成乾燥的感覺。庫興氏症候群（腎上腺皮質功能亢進）發病時，會讓甲狀腺機能更加低下，形成同樣的症狀。

4 自我免疫疾病

將進入體內的病毒或細菌加以攻擊的機能就是自我免疫。當這種免疫機能因為某種異常而轉向攻擊自己的身體時，就是自我免疫疾病，可能會在皮膚上出現異常。日本犬常見的天疱瘡和各個犬種都可看到的紅斑性狼瘡等，也都是由自我免疫疾病所引起的。

犬眼色素層皮膚症候群

（葡萄膜皮膚症候群）

由於免疫異常引起黑色素細胞發生各種障礙。除了皮膚之外，眼睛也會出現異常。在皮膚的症狀上，眼睛周圍、鼻、唇、蹠球等處會出現色素消失或是形成瘡痂等。

好發於秋田犬或西伯利亞哈士奇身上，但柴犬也會發病。大多都會在出生後數個月到3歲左右發病，可投與免疫抑制劑等進行治療。

在日常上必須注意的疾病有哪些？

和其他純種的狗狗相比，柴犬是屬於犬種特有病壓倒性稀少的犬種。原因在於牠的體質很適合日本的氣候風土，而且在繁殖上也都很順利。只是，不管是多麼健康的犬種，還是不可能完全不生病。

下面要介紹柴犬常見的幾種疾病。其中有遺傳性因素的疾病，也有牙周病之類只要在日常做好健康管理就能確實預防的疾病，所以飼主的對應方法就變得非常重要。

相較於其他犬種，柴犬也是平均壽命較長的犬種。為了讓牠在上了年紀後仍然能夠健康地生活，請從年輕時就為牠注意每天的健康管理吧！

1 犬漸進性視網膜萎縮症（PRA）

這是具有濾光鏡作用、能看到光線和物體的視網膜變性萎縮的疾病。結果是引起視力降低，最後完全失明。原發性的視網膜病變並沒有預防方法，也沒有根治的方法。發病的年齡依犬種而異，柴犬常見在出生 6 個月左右開始發病的例子。若是這種情況，在 1 歲左右就會完全失明。

同樣是眼睛的疾病，白內障、青光眼等也有遺傳性的情況。

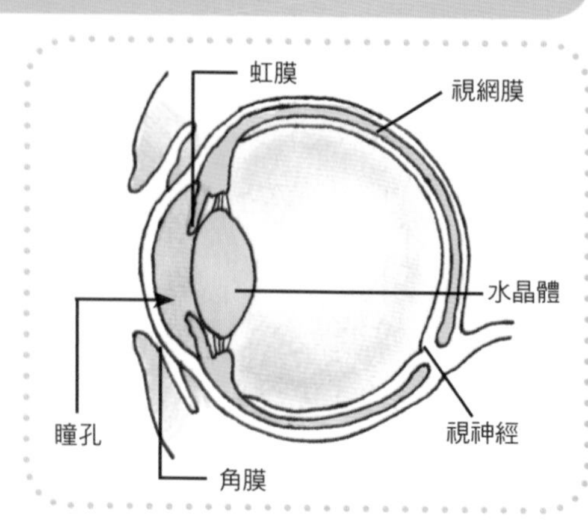

2 白內障

白內障有分先天性和後天性的。如果是後天性的，原因可能是老化、糖尿病、外傷等所造成的；如果是發生於6歲前的柴犬身上的白內障，一般則認為是遺傳因素造成的。

插圖中的初期白內障雖然沒有視力障礙，不過若是持續進展的話，終會導致失明。由於沒有完全治癒的方法，只能利用點眼藥來做為延緩進展速度的治療。此外，也有和人類一樣使用白內障鏡片的治療方法，不過手術後的照料非常麻煩，所以使用率還很低。

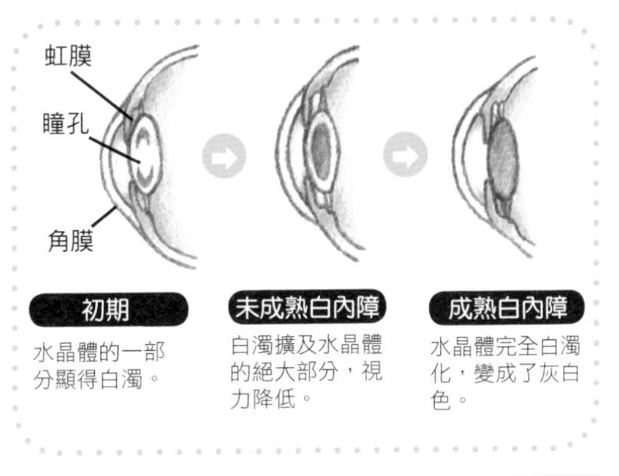

3 膝蓋骨脫臼

位於後肢膝關節處的盤狀骨骼叫做「膝蓋骨」，而這塊骨骼偏移的疾病即為「膝蓋骨脫臼」。這是小型犬常見的疾病，柴犬也會發病。骨骼偏移那側的腳會出現拖著腳走路，或是跳著走路的情況，因此飼主馬上就能發現。但是，其中有些柴犬的偏移狀況會自行痊癒，因為治好了，所以飼主也就放心了；但如果像這樣一直反覆偏移→痊癒的狀態，就會變得越來越容易復發，讓情況更加惡化，因此絕對不可大意。

膝蓋骨脫臼大多是因遺傳而發病的，因此很難進行預防，但若早期發現的話，可以用內科治療來抑制病情惡化。

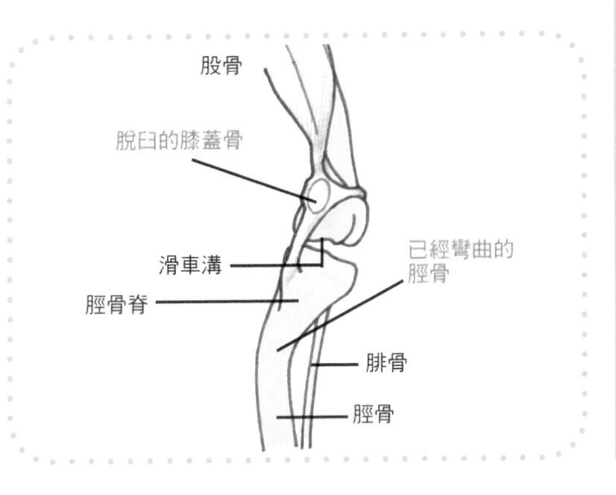

4 牙周病

狗狗牙周病發病的流程和人類是一樣的。因為累積牙垢，使得牙肉出現開口，牙齒鬆動，最後導致牙齒脫落。不只是柴犬，也很常發生在其他小型犬身上。原因是小型犬大多吃較柔軟的飼料，而且飼主也經常餵食點心。當然，並不是這些食物不好，只要定期幫狗狗刷牙就不會有問題。但是，成犬後才要養成刷牙的習慣並不容易，因此最好從幼犬時代就開始教養。萬一無法順利刷牙的話，就要帶去動物醫院洗牙。由於需要全身麻醉，因此事先必須好好管理身體狀況，並和獸醫師討論。

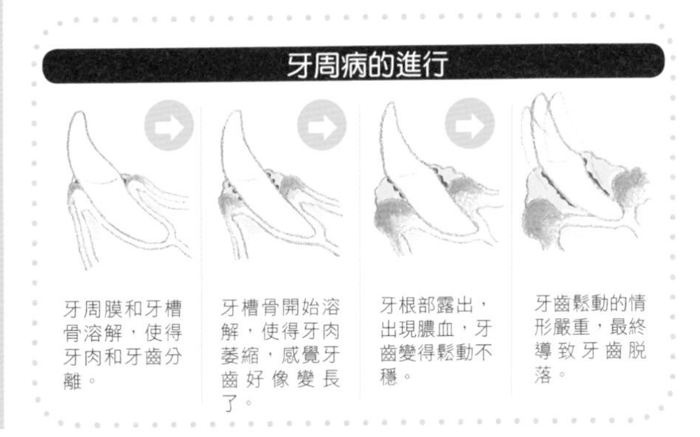

是不是讓愛犬接受「健康檢查」會比較好？雖然現在牠非常健康……

接受健康檢查可以提早發現各種疾病，因此非常推薦。

大多數的健康檢查流程，都是先進行血液檢查和影像診斷，若發現數值和影像有異常的部分，再做詳細的檢查。以幼犬一年 1 次、8 歲以後約半年 1 次的頻率接受檢查最為理想。檢查內容及費用依動物醫院而有相當大的差異，最好事先確認過收費和內容後再接受檢查。

1 血液檢查可以知道的事

在動物醫院進行的血液檢查，有查看血液本身的症狀和狀態的「血液檢查」，以及查看血液中所含酵素量等的「生化學檢查」。只要抽血一次，就可以同時檢查這些數值。血液檢查是為了發現可疑疾病所進行的篩檢，依據該結果來看，若懷疑可能有異常時，再以超音波或 X 光檢查做更詳細的診斷。

目前各動物醫院中設備的檢查機器大致分成2種，檢查項目雖然略有差異，但所有的檢查結果出來都約只需10分鐘而已。

肝功能檢查

將肝酵素和其他項目綜合起來評估。如果肝臟或膽囊、膽管系統有問題的話，肝酵素（ALT、AST等）的數值就會上升。就如「肝臟是沉默的器官」這句話般，沒有相當惡化就不會出現症狀，所以及早檢查非常重要。

腎功能檢查

突然出現被毛失去光澤、變瘦等變化時，就有可能是腎臟功能降低。在血液資料中查看BUN、肌酸酐、磷的數值。腎臟功能一旦降低，這些數值就會上升。

內分泌檢查

最近常見的內分泌疾病也可以藉由血液檢查來早期發現。當ALP和膽固醇數值提高，出現了可能是這方面有問題的數值時，就要進一步檢查荷爾蒙來確定疾病。內分泌疾病也是很不容易發現的疾病。

貧血・感染・發炎等

血球容積比、血色素等低下時，就會引起貧血。這時必須做更進一步的檢查。反之，如果數值升高，就是正在發炎。不過，當免疫力降低時，即使白血球沒有增加，也有可能正在發炎。

2 影像診斷可以知道的事

X光檢查

一般來說，胸部和腹部的攝影會從2個方向來進行。胸部是用來診斷心臟、氣管、支氣管、食道；腹部則是用來診斷肝臟、腎臟、脾臟、胰臟、膀胱等。

血液檢查不易發現的疾病，有時也可藉由X光檢查來發現。

超音波檢查

就是稱為「ECHO」的檢查方法，非常適合作為心臟的早期診斷。心音帶有雜音或是有點肥胖的柴犬，都很建議做這種超音波檢查。此外，老犬最好也定期接受心臟的超音波檢查。照X光發現有異常時，也要做超音波檢查。

血液檢查數值顯示的意義

檢查項目	正常值	數值異常時可能的疾病
總蛋白／TP	5.2～8.2g/dl	值高／發炎、感染症、脫水、多發性骨髓瘤 值低／營養不良、肝機能障礙、腎機能障礙、腸道疾病
白蛋白／Alb	2.7～3.8g/dl	值高／脫水 值低／營養不良、肝機能障礙、腎機能障礙、腸道疾病
總膽紅素／T-Bil	0～0.9mg/dl	值高／肝臟疾病、膽道阻塞、溶血
中性脂肪／TG	20～155mg/dl	值高／糖尿病、肥胖、庫興氏症候群、腎病變症候群 值低／艾迪生病、營養失調、肝硬化
鹼性磷酸酵素／ALP	30～400IU	值高／肝硬化、骨骼疾病、庫興氏症候群、類固醇藥物
麩丙酮轉氨基脢／GPT	15～70IU/l	值高／犬傳染性肝炎、阻塞性黃疸、急性胰臟炎、鉤端螺旋體病
麩草轉氨基脢／AST	0～50IU	值高／骨骼肌、心肌異常、犬傳染性肝炎、急性胰臟炎、黃疸、鉤端螺旋體病
天門冬氨酸轉氨脢／AST	10～50IU	值高／肝機能障礙、肌炎、心肌炎
丙氨酸轉氨脢／ALT	8～80IU	值高／肝機能障礙
γ麩氨酸轉移脢／γ-GT	0～7IU	值高／膽道發炎、肝機能障礙、類固醇藥物
澱粉酵素／Amy	500～1500IU	值高／胰臟炎、腸炎、腎衰竭
血清總膽固醇／T-Cho	110～320mg/dl	值高／糖尿病、胰臟炎、庫興氏症候群、甲狀腺機能低下 值低／肝機能障礙
血糖／Glu	77～125mg/dl	值高／糖尿病 值低／胰島素細胞瘤、腫瘤、營養不良
尿素氮／BUN	27mg/dl	值高／腎機能障礙、脫水、尿道阻塞 值低／蛋白質缺乏、肝機能障礙
肌酸酐／Cre	0.5～1.8mg/dl	值高／肝機能障礙、肌肉機能障礙
鈉／Na	144～160mEq/L	值高／嘔吐、下痢、腎機能障礙、脫水 值低／嘔吐、下痢、腎機能障礙、腎上腺機能不全
鉀／K	5.8 mEq/L	值高／嘔吐、下痢、腎機能障礙、腎上腺機能不全 值低／嘔吐、腎機能障礙
氯／Cl 109	109～122 mEq/L	值高／下痢、代謝性酸中毒 值低／嘔吐
鈣／C	7.9～12.0mg/dl	值高／腎機能障礙、副甲狀腺機能亢進症、腫瘤 值低／子癇症
無機磷／P	2.5～6.8mg/dl	值高／腎機能障礙 值低／營養不良、副甲狀腺機能亢進症、腫瘤
紅血球數／RBC	550～850萬/μl	值高／脫水、紅血球增多症、下痢、嘔吐 值低／貧血、洋蔥中毒、骨髓異常
白血球數／WBC	6～17千/μl	值高／感染症、發炎、白血病、精神壓力 值低／犬小病毒性腸炎、維生素不足
血球容積比／Ht	37～54%	值高／脫水、紅血球增多症 值低／貧血
血色素／Hb	12～18g/dl	值高／脫水、紅血球增多症 值低／貧血
血小板數	20～40萬/μl	值高／發炎、腫瘤、惡性腫瘤 值低／大出血、白血病、免疫疾病

為什麼疫苗的種類和接種時期會有差異？

首先，疫苗是依可以預防的疾病種類來區分的。5 合 1 是可以針對 5 種疾病、7 合 1 是可以針對 7 種疾病在體內形成免疫，所以即使感染到疾病，體內也會製造出抗體。各種疾病的免疫也含在母乳中，因此狗狗是否有充分飲用母乳，也會關係到疫苗的接種時期和次數的不同。另外，疫苗種類不同，接種的時期也不相同，這就稱為疫苗計畫。偶爾也會發生因為疫苗接種而導致的問題，所以還是和獸醫師確實討論過後再接種吧！

疫苗可以預防的感染症

犬瘟熱

這是最具代表性的傳染病，會出現下痢、嘔吐等消化道症狀和咳嗽、流鼻水、打噴嚏等呼吸道症狀。如果感染超過1個月，就可能出現痙攣等神經症狀。傳染性強，為經口傳染，經常併發細菌感染，這也是促使症狀惡化的原因。如果成犬後才感染發病，可能不會出現發燒等症狀，而只會出現痙攣等神經症狀；這和原發性癲癇不同，是可以被治療改善的。

犬小病毒腸炎

這是在1980年左右急速擴散的傳染病。有突然變得呼吸困難的心肌症型，以及出現下痢、嘔吐、發燒、脫水症狀等的腸炎型。死亡率高，是很嚴重的傳染病。

犬傳染性肝炎（腺病毒1型感染症）

腺病毒1型是經口感染而發病的。肝炎會急速惡化，幼犬一旦感染，數天即會死亡；成犬則會出現發燒、下痢、嘔吐等症狀。

犬傳染性氣管支氣管炎
（犬舍咳、腺病毒2型感染症）

這是腺病毒2型經口感染而引發的、以咳嗽為主的呼吸道症狀的傳染病。和副流行性感冒病毒及支氣管敗血症菌等同為犬舍咳的主要病原之一。1型病毒和2型病毒雖然是不同種的病毒，但卻擁有共同的抗原性，所以任何一方的疫苗都可同時預防兩種病毒的感染。

犬冠狀病毒腸炎

這是出現下痢、嘔吐等消化道症狀的傳染病，和犬瘟熱同為狗狗常見的傳染病。單純感染此病毒時並不會太嚴重，不過此病經常會和犬小病毒腸炎混合感染，此時症狀就會變得嚴重，死亡率也會提高。

犬副流行性感冒

這是出現呼吸道症狀的疾病，如果是由細菌引起混合感染，症狀就會變得嚴重。大部分的情況都是輕症，能夠自然痊癒；不過由於容易傳染，因此會急速擴散。

犬鉤端螺旋體症

這是由鉤端螺旋體菌所引起的傳染病，有腎炎型和出血性黃疸型2種。以感染動物的尿液作為媒介，剛開始時會出現嘔吐、高燒、食慾不振等症狀，症狀一旦加遽，就會開始出現肝機能障礙和腎機能障礙。

狂犬病

現在仍是分佈於全世界的人畜共通傳染病之一。日本雖然從1957年起就不再發生，不過狂犬病毒是以野生動物為宿主，所以目前仍需採取萬全的防疫態勢。因此，根據狂犬病防制法，畜犬有接受預防注射的義務。

目前台灣常用疫苗種類

五合一疫苗	犬瘟熱　犬小病毒腸炎　犬傳染性肝炎 犬副流行性感冒　犬傳染性支氣管炎
八合一疫苗	犬瘟熱　犬小病毒腸炎　犬傳染性肝炎 犬副流行性感冒　犬傳染性支氣管炎 犬冠狀病毒腸炎　犬鉤端螺旋體症　出血性黃疸
十合一疫苗	犬瘟熱　犬小病毒腸炎　犬傳染性肝炎 犬副流行性感冒　犬傳染性支氣管炎 犬冠狀病毒腸炎　犬鉤端螺旋體症　出血性黃疸 2 型鉤端螺旋體症
狂犬病疫苗	16 週齡以上施打，台灣目前為狂犬病疫區
萊姆病疫苗	法定第四級人畜共通傳染病

建議疫苗計畫

初乳喝不足時	6 週齡施打第 1 劑五合一，每隔 1 個月施打第 2、3 劑八合一或十合一
充分喝初乳時	8 ～ 10 週齡施打第 1 劑五合一，每隔 1 個月施打第 2、3 劑八合一或十合一
	萊姆病可在施打第 2、3 劑時一併施打
每年補強疫苗	八合一或十合一、狂犬病、萊姆病

一般來說，從寵物店或育種者處獲得幼犬時，通常要做2次接種。第1次是由育種者等繁殖業者進行施打，第2次以後就要由取得的飼主來施打。在美國和日本，有時也會依獸醫師指示而施打3次疫苗。

不要遺失預防注射証明書

為了預防感染，狗狗運動場或寵物旅館等不特定的狗狗聚集場所，經常會要求飼主出示預防注射証明書，因此請不要弄丟。此外，也可隨身攜帶影本，臨時需要時也很方便。

為了健康地生活，
應該要注意哪些地方？

如同前頁中介紹的，任何疾病都能藉由早期發現來加以治療，或是抑制疾病的進展。而另一項希望飼主能注意的則是日常上的健康檢查。因為藉由飼主自己進行的健康檢查，可以更早發現疾病和傷害。

腦・神經

若是突然發作或痙攣等，就必須懷疑是腦・神經系統的問題。

嘔吐

狗狗本來就經常會吐，不過如果一再地吐，或是吐過後顯得不舒服時，就必須注意。嚴重嘔吐時，有可能是吞下異物或是胃扭轉等需要緊急處置的狀況。

呼吸

咳嗽或打噴嚏不止時，就要懷疑可能是喉嚨或氣管發炎。

皮膚和被毛

不斷抓癢時，可能是跳蚤或蜱蝨的寄生。

四肢

走路方式怪異，或是不喜歡走路時，可能是關節或脊髓的毛病。

1 健康檢查的方法

在日常生活中，將健康檢查習慣化，同時也可兼做肌膚接觸。

眼睛的檢查

將下眼瞼往下拉，看眼睛黏膜的顏色。若為粉紅色就沒問題。

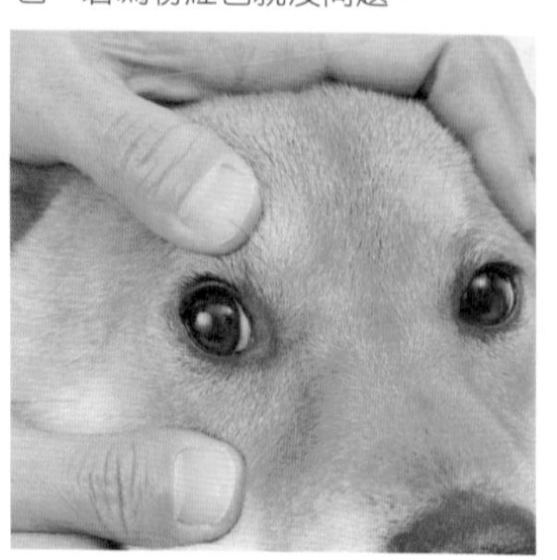

牙齦的檢查

翻開嘴唇看牙齦的顏色。若為粉紅色就沒問題。

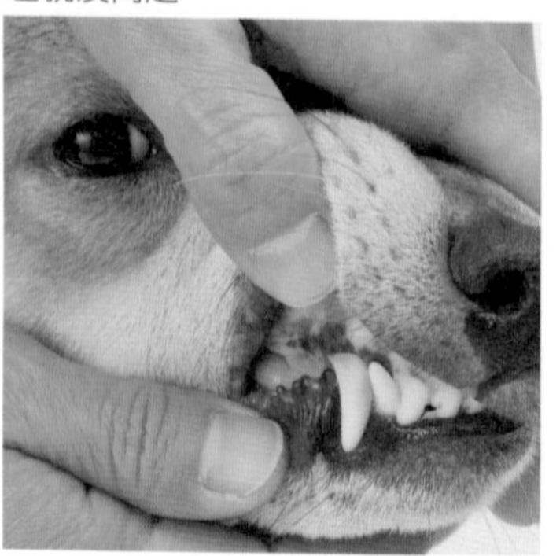

蹠球的檢查

確認蹠球有沒有受傷？腳趾間有沒有夾著污物或草籽？

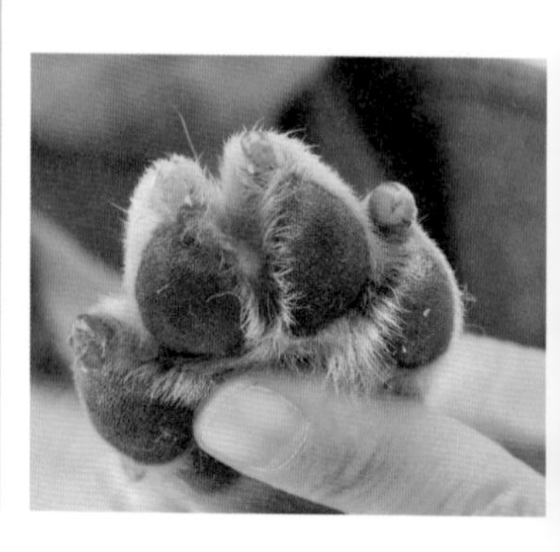

② 知道健康時的正常值

愛犬健康時的身體狀態如何？脈搏、體溫又是多少？這些都要事先知道。

全身的狀況

觸摸全身各處，了解皮膚和被毛的狀態。檢查看看是否有硬塊或皮膚顏色不一的情況。

皮膚彈性測試

抓起皮膚扭捻，確認皮膚的彈性。正常情況下會立刻回復原狀，如果明顯脫水的話，回復的時間就會比較長。

脈搏數

在後肢根部附近可以找到脈搏。成犬每分鐘 70 ～ 110 下是正常的脈搏數。

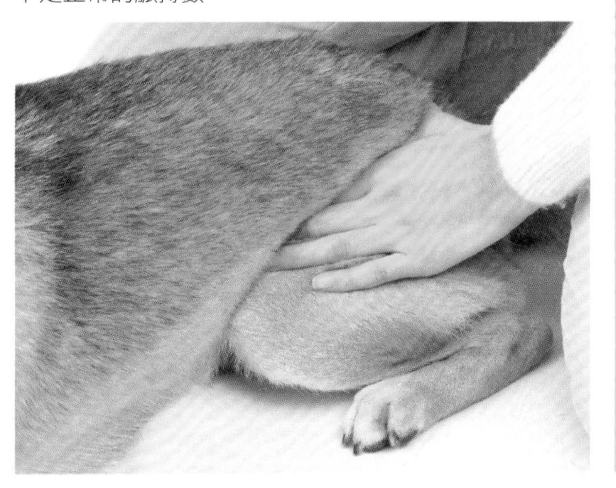

體溫

將動物用體溫計插入肛門測量。測量完後別忘了要用酒精棉花擦拭乾淨。正常体溫是 38 ～ 39℃。

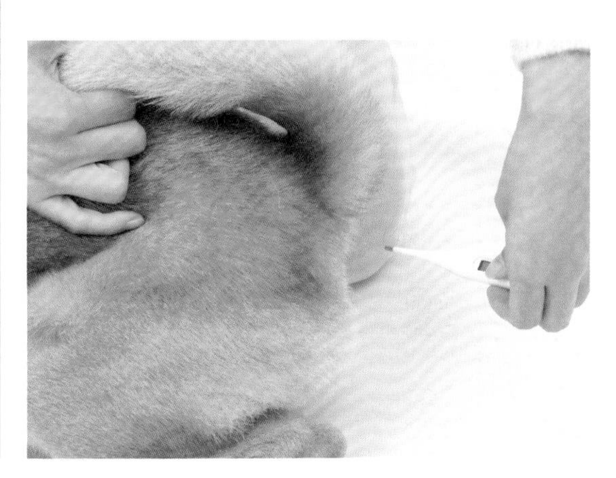

愛犬經常受傷，令人擔心。請教我緊急時的處理方法。

似乎很多人都認為狗狗很少會受傷，其實這是很大的誤解。狗狗遭遇各種意外和受傷的案例一直在增加中。因此，萬一發生事故時的應對方法是非常重要的。雖然有些人認為「等到去動物醫院再交給專家處理會比較好」，不過有沒有做緊急處置，會讓結果出現相當大的差異。

先綁上嘴套

不管是意外還是觸電，遇到必須確實壓制愛犬的狀況時，最先要做的就是綁上嘴套。就算是平時溫順乖巧，別說是咬人了，就連低吼也不曾做過的狗狗，處在驚嚇狀態時，還是可能會因為不安和恐懼而咬人。為了能迅速進行治療，首先必須排除這樣的風險。

可以利用身邊有的任何東西來做為嘴套。用繩子、領帶、頭巾等纏住口吻周圍，牢牢打結。不過，粗草繩之類會讓狗狗感覺疼痛的繩類，還是儘量避免使用吧！

流鼻血

如果因為某些原因而流鼻血時，可用濕毛巾冷敷出血的部位。若是冷敷了10分鐘仍未止血時，就要帶往動物醫院。和人類一樣，絕對禁止將東西塞進鼻子裡。

眼睛有異物進入

萬一有異物或化學物質等進入眼睛裡，可用海綿浸泡自來水或生理食鹽水後滴入眼睛裡。若是異物無法取出時，就要帶往動物醫院。

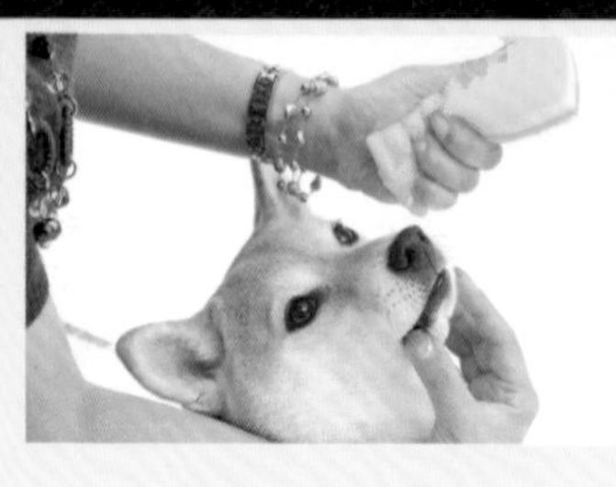

繃帶的纏捲法

如果是有流血的外傷，就要纏上繃帶以儘速抑止出血。繃帶要從四肢的末端（蹠球）開始，往上進行纏捲，就能順利進行。如果使用有黏著力的繃帶，可以纏捲得更加服貼。

骨折

如果是單純性骨折，纏上副木可以防止更進一步的惡化。身邊任何硬物都可用來做為副木，像是免洗筷或報紙等等。如果是複雜性骨折，就不要使用副木，而是要止血後儘速送往動物醫院。

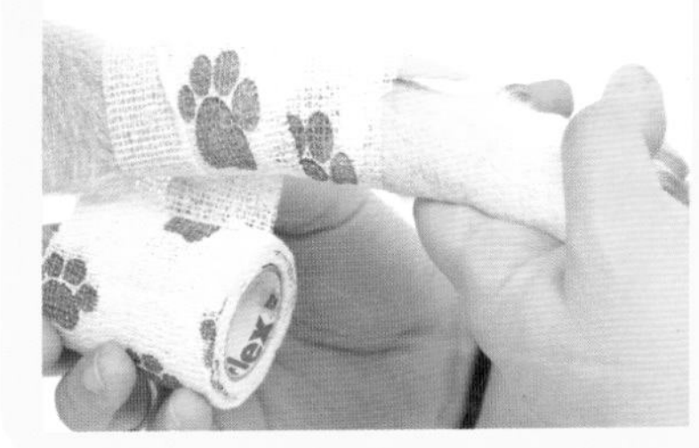

誤吞

如果誤吞異物了，就要讓狗狗張大嘴巴，除去異物。可以看到異物，手卻搆不到時，也可以使用夾具等。真的無法取出時，首先要採取催吐的方法。讓狗狗喝下生理食鹽水或雙氧水，進行催吐。

使用湯匙，讓狗狗一口氣喝下雙氧水等。

無法用湯匙灌入時，可以使用注射器，從嘴邊注入。

吸入氧氣

如果陷入休克、呈現發紺狀態時，有個方法是使用市售的攜帶型氧氣瓶，進行簡易的氧氣吸入。先在塑膠袋中充滿氧氣，然後將袋子套在狗狗的臉上，讓牠吸入。也有用伊莉莎白項圈讓狗狗吸入氧氣的方法。

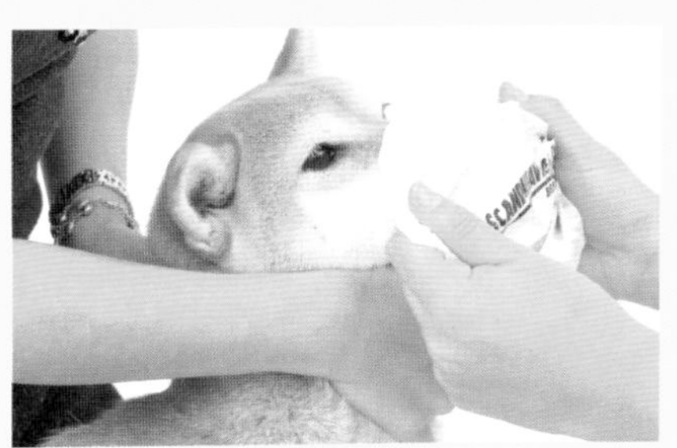

柴犬是不是很容易變痴呆？

數千年來，和日本人一起生活的柴犬們。飲食生活也和日本人相同。

因為獸醫學的進步和狗糧的開發，狗狗的壽命已經有了劃時代的延長。另一方面，和人類一樣，高齡化相關的問題也不斷出現。狗狗的痴呆就是其中之一。

雖然任何犬種只要老了都會漸漸出現痴呆的症狀，但是柴犬的確有比較多的病例報告出現。關於狗狗的痴呆，根據專門研究機構的發表顯示，經調查為痴呆的病例中，有85%的狗狗都是柴犬系的日本犬。

為什麼痴呆常見於日本犬系呢？

為什麼痴呆常出現在日本犬系的狗狗身上呢？關於狗狗痴呆的發病原因及其原理，目前還沒有正確的了解。目前推測的是跟日本犬的歷史有關。日本犬從繩文時代起就生活在日本了。由於日本人幾乎都是從魚類攝取動物性蛋白質的，一般認為日本犬也有同樣的飲食生活。可以推測在幾千年的歷史中，其身體已經形成可以活用魚類富含的不飽和脂肪酸的神經細胞代謝機制了。然而進入現代後，日本犬們改以肉類為主的狗糧生活。一般認為，其結果就是隨著老化的進展，使得不飽和脂肪酸缺乏而引發腦部的代謝性疾病。

痴呆帶來的影響是？

痴呆一旦發生，自律神經就會變得不正常。讓身體活潑運動的交感神經機能降低了，反之讓身體放鬆的副交感神經機能則會提高。也就是說，狗狗們會變得放鬆無力，逐漸走向痴呆。痴呆的狗狗們全都變成安詳的表情也正是因為這個原因。所以對愛犬來說，看到各位飼主們變得過度悲觀，或許並不是牠所期望的。有些痴呆的症狀會讓看護變得非常棘手。不只是在自己家裏，有些情況甚至會對左鄰右舍造成困擾。當愛犬變得痴呆時，飼主必須對所有的一切概括承受。為了在最後一天到來之前都能與愛犬過著充實的生活，各方面的知識和努力都是必要的。

痴呆常見的症狀

這些都是痴呆常見的代表性行為。痴呆的判定表刊載於152頁，請加以參考。

飼主叫牠也沒有反應。

半夜不斷大聲嚎叫。

吃很多。
明明有吃卻逐漸消瘦。

漫無目的地一直走來走去。

無法從狹窄處或房間角落出來。

預防和治療的方法

以往的調查結果認為，痴呆的症狀有從13歲左右開始的傾向。只不過，痴呆的狗狗非常稀少，並非到了13歲以後，任何狗狗都會變得痴呆。雖然不需要過度神經質，然而一般認為日本犬的痴呆和不飽和脂肪酸是有關係的，所以藉由給予富含EPA、DHA這些不飽和脂肪酸的食物，應該是有益於預防的。此外，如果是在痴呆症狀的初期階段，治療也可以延遲疾病的進展，因此，避免忽略症狀可以說是非常重要的。另外，配合症狀來改變狗狗的生活環境，也可以降低飼主的負擔。

為了維持健康和預防痴呆，想給狗狗吃健康食品，請教我正確的給予方法。

「健康食品（健康輔助食品）」已經成為促進人類健康不可欠缺的東西了。由此加以延伸，在創造愛犬的健康上也佔了一席之地。那麼，我們可以購買到的健康食品到底有多少呢？以前說到健康食品（「健康（營養）補充食品」、「機能性補充食品」）就是維生素劑和蕈類等，不過最近的市面上，也可以買到酵素和強調可以促進脂肪燃燒的胺基酸等各種商品。目前已有許多健康食品被認為是現代人所需的，而愛犬又該如何服用健康食品呢？

1 首先要詢問專家

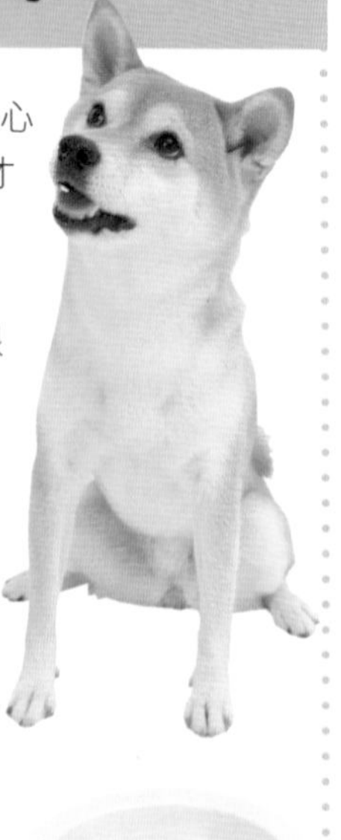

對愛犬的健康感到擔心時，應該將哪種健康食品才適合愛犬的判斷交給獸醫師等專家來進行。對你自己或是散步友人家的狗狗很好的健康食品，未必適合你家的愛犬。例如，一般認為可促進成人脂肪代謝的胺基酸，如果給兒童服用的話，可能會抑制成長。用外行人的判斷來使用，可能會為狗狗帶來危險。

2 注意不要過度攝取

基本上，健康食品和藥物是不同的，長期服用也不會出現副作用。在剛開始服用時，可能會出現「好轉反應」，亦即身體虛弱部分變明顯的症狀。不過，如果給予多種健康食品的話，可能會在不知不覺中過度攝取相同成分的東西。狗狗的身體遠比人類還小，如果大量或過度攝取的話，很容易產生副作用而導致危險。因此想讓狗狗服用多種健康食品時，最好詳細詢問過專家的意見。

3 即使是相同成分，其效能也可能不同

一般認為以「巴西蘑菇」、「綠貽貝」和「鯊魚軟骨」等天然成分為主的健康食品，其有效含量會因為製品而有相當大的差異。例如，巴西蘑菇深受土壤的影響，所以不同的生產地，其所含的重金屬含量也會出現相當大的落差；而重金屬堆積在體內，會帶來不好的影響。

因此，認為既然成分相同，就輕易改用不同製品是很危險的。還是要注意選擇可以信賴的製品。

4 從眾多資訊中選擇可以信賴的產品

目前社會上充滿了大量關於健康食品的資訊。即使是專家推薦的，最好還是藉由網路等自行調查一下該健康食品。健康食品的主要成分，大多廣泛地適用於各種症狀，想要深入了解，就要詳細了解使用該健康食品的病例報告和成分資料等情報。

不過最重要的，還是要仔細挑選情報來源，確認是不是由社會認同的團體（日本獸醫師會或相關學會等）所發出的資料。

5 食物和健康食品的平衡

在食物上確實做好營養管理的健康狗狗，原本是不需要健康食品的。不過，如果接受過專家對健康食品的指導，認為在營養學上好像有哪裡不均衡時，或是認為健康食品能有效緩和你所擔心的症狀時，就可以考慮積極地攝取健康食品。

在有效利用五花八門的健康食品之前，給予均衡的飲食也很重要。健康食品絕對不是飲食的替代品，因為對做好飲食管理的健康狗狗來說，健康食品本來就是非必要的。

6 給予動物專用的健康食品

有不少飼主似乎會把自己服用的健康食品減少分量或是分切錠劑給予狗狗食用，這是非常危險的。人類吃的健康食品是以人類的實驗數據來決定用量的，因此對於體重比人類輕的狗狗來說，很可能會出現副作用，甚至會危害身體。請給予動物用的健康食品吧！

在動物醫院購得的健康食品，和市面上販售的有何不同？

健康食品被定位為食品。和藥物不同，並不在農林水產省等的規範之內，所以無法清楚標示效能 · 效果，在市場上有氾濫的傾向。隨意製造的商品輕易就能上市的情況經常可見。至於「動物用藥」，則是在農林水產省藥事室的嚴格監視下，在新製品發售之前必須提出根據實驗動物所研究出的成績，經審查認可後，在發售後 6 個月時有進行副作用報告的義務。

動物醫院處方的健康食品，在未加規範方面雖然和一般的健康食品相同，不過大多是經由各廠商做過自主性實驗，確認其效用和安全性的商品。也就是說，動物醫院處方的是研究資料詳細而確實的健康食品。此外，必須知道的是，動物醫院所處方的健康食品，是用來輔助藥物的治療及預防的，絕對不是主角。

動物用健康食品的特徵

1	是天然物或其抽出的萃取物	6	可和藥劑併用
2	在毒性・安全性上沒有問題	7	大多可提高生活品質（QOL）
3	沒有副作用	8	大多沒有成癮的問題
4	對動物有一種以上的某種良好影響	9	大多是人類也使用的東西
5	可長期使用		

也就是說，健康食品並不是藥物，服用後雖然不會出現不好的反應，但也未必就能期待明顯的效果。

在安全性方面，廠商大多強調其原料和成分是天然的，所以安全無虞，不過也有人認為正因為是天然物才需要擔憂。也因此，如果是優良廠商所製造的商品，因為其重視安全性，若是又經過動物醫院推薦的話，在這方面是可以放心的。

那麼，給狗狗健康食品時該注意什麼呢？那就是事先認知「並不會像藥物般立刻出現明顯的效果」這件事。

依不同症狀・不同目的來搜尋

【獸醫師處方的健康食品臨床使用區分】

機能食品的臨床使用區分

	症狀・目的	成分
1	**免疫增強作用**（免疫不全疾病、病毒感染等）	蕈類（巴西蘑菇、靈芝、猴頭菇等）、初乳製劑（IgG、IgA、乳鐵蛋白）、牛骨髓萃取物、殼聚糖、複合發酵乳、阿拉伯木聚糖、核苷酸
	癌・腫瘤（荷腫瘤動物）	蕈類、鯊魚軟骨、n-3多價不飽和脂肪酸、阿拉伯木聚糖
2	**皮膚病**	多價不飽和脂肪酸系（γ・α亞麻酸、亞麻仁油酸、油酸、EPA、DHA）、維生素類（維生素A、維生素E、維生素C、維生素H）、乳鐵蛋白、樹液萃取、生物素、香草
	緩和疼痛・關節炎	綠貽貝萃取液、鯊魚軟骨（葡萄糖胺、軟骨素等）、牡蠣萃取物、類黃酮
3	**心臟機能低下**	心臟萃取物、牛磺酸、肌苷、左旋肉鹼、CQ-10（輔酶Q10）
	腎衰竭	檸檬酸鐵、胺基酸、碳酸鈣、食用活性碳
4	**控制尿液pH值**	檸檬酸鉀、甲硫胺酸
	消化器官疾病（肝機能障礙、整腸）	雙叉乳桿菌、殼聚糖、葡萄糖胺、巴西蘑菇、納豆菌、啤酒酵母、纖維素、寡糖
5	**癡呆**	多價不飽和脂肪酸（EPA、DHA）、銀杏葉萃取、南非茶
	肥胖	脂酶、澱粉酶抑制劑、EPA（高脂血症）、VAAM、靈芝
6	**營養補給**（複合物）	核酸類、維生素類、胺基酸類、礦物質類、必須脂肪酸、膠原蛋白、牛磺酸、泛酸鈣、葉酸、蛋白肽、酵母菌、葡萄糖、螺旋藻、綠藻
	生物節律調整作用劑	褪黑激素、南非茶
	其他	除臭劑（天然樹液萃取粉劑）

這裡舉出的成分都是獸醫師用於許多臨床上的實驗所得的結果，對各種症狀出現緩和或改善的資料。不過，這些終究都是使用在疾病的治療輔助上，詳細請向動物醫院洽詢。

如何克服愛犬討厭搭車的問題？

愛犬如果不喜歡搭車兜風，外出機會就會逐漸減少，這是事實。如果能從小開始就經常一起搭車外出，就不會變得那麼討厭坐車。不過，若是搭車前往的目的地不是狗狗最討厭的動物醫院就是美容室的話，那麼即使是從小就開始搭車，也會漸漸變得不喜歡搭車兜風。最理想的解決方法，就是反覆進行「只要搭車外出，就帶愛犬到牠最喜歡的地方去」這件事。於是慢慢地，愛犬就會變得不再討厭搭車這件事了。

想要克服柴犬的厭惡，不管是什麼樣的個案，重點都在於要花時間慢慢進行。如果焦急地只想趕快讓牠學會搭車，可能會讓牠越來越頑固，變得更加厭惡。請找出牠討厭搭車的原因，再來解決問題吧！

具代表性的討厭搭車的理由

1 一搭車就暈車嘔吐

嘔吐，當然是因為生理上有不舒服的情況，不過要說到原因是什麼，有時可能不是只有1、2個而已。有些狗狗只要讓牠看看窗外的景色，就能改善不適的情況；但若要在車內將狗狗放入籠子裡的話，就無法那樣做。這時，如果狗狗嘔吐了，也不要大驚小怪。等牠明白不管怎麼吐都無法離開籠子時，或許就會自然地停止嘔吐了吧！

2 非常討厭汽車!!

有很多狗狗對於陌生的環境會表現出厭惡和不安。如果是這種情形，別說是搭乘汽車了，就連要靠近都是個問題。這時，請不要勉強讓狗狗搭車，而是先在靜止的車中給狗狗零食，用這個方法讓牠慢慢習慣。下一個階段則是打開引擎……就像這樣分成幾個階段進行。

3 討厭車內環境

車內的氣味、汽車音響的聲音、有回音的談話聲等等，有些狗狗不喜歡車內獨特的環境。如果能找出其中原因為何，就能出乎意料地迅速解決問題。如果是因為臭味，可以使用香氛等來解決，或是打開窗戶讓外面的風進來也可以；如果是因為聲音，不妨可以播放能讓寵物放鬆的CD。

chapter 6

懷孕和生產的煩惱

想讓最喜愛的愛犬生小寶寶。歡喜和快樂雖然不少，
但同時也有許多的不安。哪些事情是要預先知道的呢？
請慎重考慮愛犬的將來，再向生產目標前進吧！

愛犬是女生，想要讓牠生一次寶寶，請告訴我關於交配方面的事。

如果飼養的是母犬，會出現「希望愛犬生小狗」的想法是很自然的。想要繁殖，就必須要飼養母犬才行。

狗狗的繁殖究竟是怎麼一回事？一般的飼主可能會以為只要找到對象交配就好了，然而狗狗的交配實際上並不是這麼簡單的事。當狗狗是純種狗時，人們就會參與該犬種的培育，也就是說，這樣的繁殖是維持、提升該犬種的品質而做的交配，當然不是隨便讓公犬和母犬交配就好了。

而新生命的誕生，也意味著從這個時候開始，飼主就必須要負起責任。在教養和健康上自不待言，在延續生命的繁殖上，飼主也要負起責任。如果是純種狗，在繁殖上就要更加注意。尤其是在遺傳疾病方面，飼主必須充分考慮。正因為在繁殖方面是外行人，所以更需要學習有關犬種的標準與遺傳疾病方面的相關知識。

1 知道柴犬的標準

你知道柴犬的「標準（犬種標準書）」嗎？純種狗一定有標準書，還沒有閱讀過的人，不妨找找介紹犬種的單行本書籍或是上網查看。柴犬被指定為日本的天然記念物，「社團法人 日本犬保存會」也有牠的日本犬標準（standard）。

或許有些人已經看過了，但卻因為有些項目過於抽象而讓人搞不清楚它在說什麼……不過，犬種標準書不僅是繁殖的指南，也記載了該犬種的「生存理由」和身軀構成、氣質、行走姿態（只要看牠走路的樣子，就可以知道該犬隻的骨骼構成等）等特徵，想要更深入了解犬種時，絕對是不可或缺的。

2 認識遺傳性疾病

如果是純種狗，一定要考慮遺傳性疾病。若是會危及生命的疾病，就必須將該疾病排除掉，因為罹患遺傳性疾病的狗狗會非常痛苦，而且飼主也很辛苦。為了避免讓狗狗痛苦，請排除掉遺傳性疾病，或是預先知道和疾病好好共處的方法。

在柴犬的遺傳性疾病方面，讓人擔心的有過敏性皮膚炎、甲狀腺機能低下、青光眼等。

3 了解柴犬的懷孕和生產原理

或許是因為狗被當做是安產的代名詞的緣故，大家往往認為「狗的懷孕、生產是很容易的」，但事實上並不如想像中的那麼容易。從懷孕到生產的整個過程和注意事項等，最好能和繁殖專家或獸醫師密切合作，以免緊急時慌張失措。

還有，狗狗約 10 個月大時就性成熟了，但是精神上的成熟還要再花 1 年的時間。所以最好在至少經過 2 次發情期之後再使其交配。

4 為母犬選擇公犬的方法

最理想的情況是，如果有熟識的繁殖業者，可以與對方討論，決定適合的對象。若是沒有熟識的業者時，不妨向當初購入的寵物店或是附近有接受交配諮詢的寵物店詢問一下。另外，是要支付交配費用還是要分幼犬，都要在事先討論好才行。

5 先決定好幼犬的去處

讓狗狗生幼犬時，要先決定好送養家庭。只要做 X 光攝影，就能確認生下的隻數。母犬如果是 2 ～ 5 歲，因為是生產適齡期，胎兒數往往較多。這方面也要充分考慮，預先找好會好好飼養幼犬的適當家庭。

人工授精的方法

如果因為交配有困難、公犬和母犬居住距離遙遠、公犬已經死亡等，但仍然希望交配時，可以採用人工授精的方式。

說到人工授精，一般多指冷凍精液，但其實有分成 3 種：當場取得的新鮮精液、以 4 ～ 5 度低溫保存的精液，以及以零下 196 度保存的冷凍精液。所謂的人工授精就是將這些精液注入母犬的陰道或子宮內。

精子最怕溫度降低了，若是冷凍的精液，就要進行外科剖腹手術，將精子放入子宮內。其受胎機率和自然交配相比較，差不多是一樣的。

優點是可以解決距離的問題，留下許多優良犬隻的後代；缺點則是反而可能會將不好的遺傳因子加以擴散，以及違法的精液交易、保管和管理、技術問題等等。這方面必須制定像美國一樣的資格制度才行。

時期或時機等，交配在實際上是如何進行的呢？

平常對公犬不屑一顧、容易生氣的狗狗，也會將腰部往上抬，變成溫柔的模樣。

在交配階段之前，有所謂的發情周期。其實，任何犬種一年都有 2 次（間隔 6 個月～ 8 個月）發情期。母犬剛開始時是陰部腫脹，隔天會出現透明的分泌物。再經過 1 天，就會混雜有血液。這種血液性分泌物的量會漸漸增加，之後再逐漸減少，約 10 天後就消失了。

分泌物一消失，就開始排卵。而母犬也只有在這個時期才會出現準備接受公犬的態度，就連

1 發情周期

發情周期有個體差異，較長的狗狗約1個月，平均會持續2～3個禮拜。

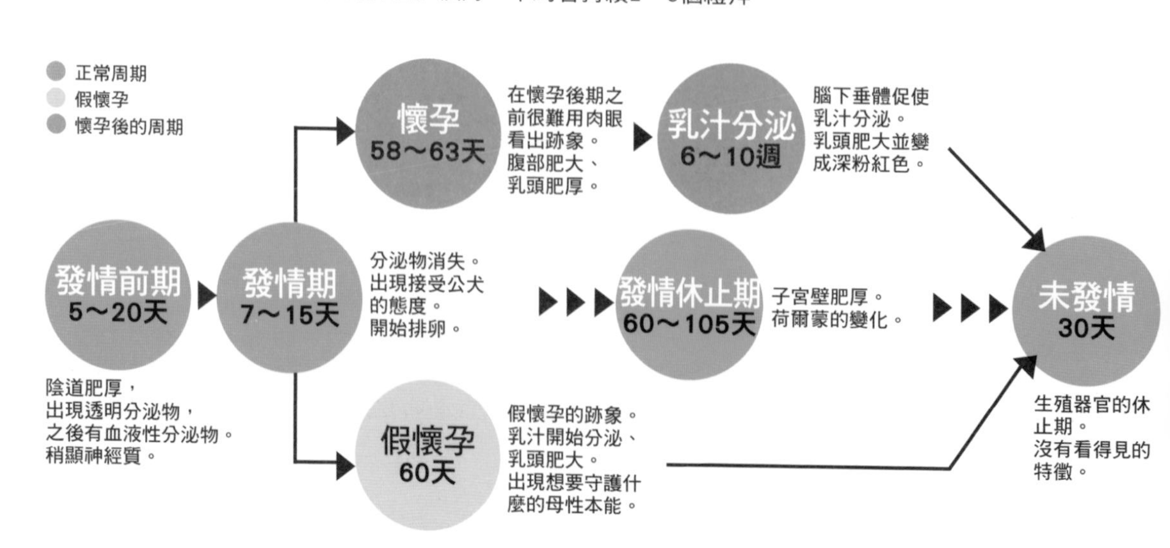

2 交配上的注意事項

- 讓狗狗交配時，要將母犬帶到公犬處，託交給對方約 1 個禮拜的時間。
- 協議好讓狗狗交配 2 次，每次間隔 2 日。
- 必須由人來介入交配時，請從旁輔助，儘量不要驚嚇到母犬。
- 交配後第 3 個禮拜要去醫院做懷孕鑑定的檢查。

公犬嗅聞母犬陰部的氣味。母犬揚起尾巴，採取接納的態度。

公犬騎在上方，擺動腰部。進行第一階段的射精。

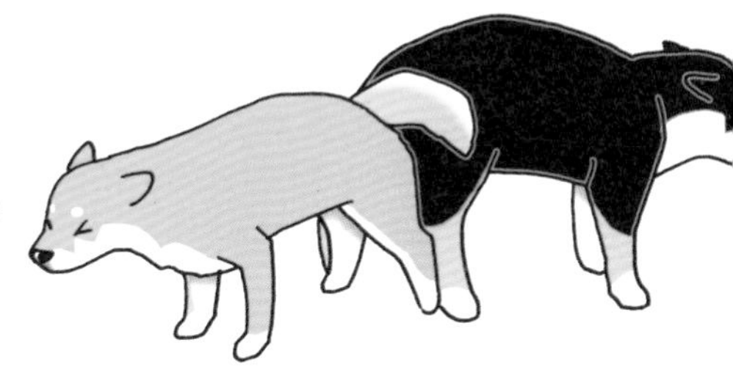

變成交尾結合的狀態，再次射精。這個時候，稱為尿道球腺的公犬陰莖根部會膨脹變大而無法拔出。5～30分鐘後會自然拔出，在此之前請讓牠們維持這樣的狀態。如此交配就完成了。

3 交配的適齡期

一般認為，以在體力上、精神上都已經成熟的 2 ～ 5 歲左右為最佳。母犬天生擁有將近 70 萬個初級卵泡，不過數量會隨著成長而逐漸減少。在 1 歲左右就會減少到將近半數，並隨著年齡的增加而逐漸減少。根據某研究資料顯示，大多數的母犬會生下和已排卵的卵子數量相當的幼犬。當年紀越來越大，雖然仍可能懷孕、生產，不過幼犬的數量將會變少。

抹片檢查

想要確定交配日，抹片檢查是很有效的方法。方法是將棉棒插入陰道中採取細胞，觀察其變化的情況。隨著陰部變大，也會反映在陰道上皮細胞上，可以觀察到細胞核漸漸變小、無核化的樣子。藉由這項檢查，可以知道大致的排卵日。還有，在卵泡發育時會出血的動物只有狗狗而已。

請告訴我狗狗的懷孕期間和注意事項。

狗狗的懷孕期間一般約為 58 ～ 63 日。和其他動物比起來，狗狗擁有特殊的繁殖能力。其他動物是在排卵時才有受精能力，而母犬則是從排出未成熟的卵開始，到排卵後約 60 個小時內都有受精能力，而且還能持續 2 天；公犬的精子在母犬的生殖器內則約可以保持 5 天的受精能力。所以狗狗的實際受精是有時間差的，也就是說，即使是在排卵的 1 ～ 2 天前交配，仍然有可能懷孕。

不過要注意的是，在卵子擁有受精能力之前，母犬可能會和不同的公犬交配。如果在數天中和 2 頭公犬交配的話，可能會生下這 2 頭公犬的幼犬（同期腹妊娠）。雖然和相同的公犬之間也可能 2 度交配，不過要注意避免和不同的公犬交配。

1 交配後到生產的預定表

懷孕前期
交配～20天

懷孕中期
20～40天

懷孕後期
40～55天

懷孕末期
55～60天

懷孕前期：從交配後到受精卵至子宮著床約需20天左右。在這個時期，由於受精卵尚未著床，所以狀況還未穩定，要儘量減少激烈的運動和沐浴，只讓牠在室內活動就好。飲食內容可以照舊。雖然會很想給牠補充營養價值高的食物或是健康食品，但必要的營養還是從食物中攝取就好。

懷孕中期：受精卵至子宮著床，進入安定期。可以外出散步，讓牠做一點輕微的運動。在這段期間只要沐浴一次就好。有些狗狗從這個時期開始，可能會有食慾不振或嘔吐等害喜現象。飲食方面要給予高營養的食物（懷孕授乳期）。請少量地混合在以往的飼料中，加以餵食。

懷孕後期：進入懷孕後期後，腹部和乳腺也會逐漸變得明顯。請注意室內的高低落差和樓梯等，以免碰撞到腹部。另外，要抱牠起來時也要注意不要壓迫到腹部。這個時期的食慾較佳，但因為胎兒壓迫到胃部的關係，無法一次吃完固定的量，建議分成數次給予。由於膀胱也會開始受到壓迫，所以排尿的次數也會增加。一天只要量1次體溫即可。過了50天後，就可以感受到胎動了。

懷孕末期：到了這個時期，胎兒的骨骼已經確立了，因此可以用X光檢查來確認隻數。由於也可以判斷胎兒大小和位置，所以獸醫師也能評估是要自然生產還是剖腹生產。到了55天左右，一天要量3次體溫。如果體溫升到37度時，就表示快要生產了。

2 懷孕中的飲食管理

懷孕中的飲食，必須考慮母子的健康，補充充分的營養。不只要增加平常的飲食分量，也要儘量給予營養價值高的食物。交配後大約 1 個月內，要給予和之前相同內容的飲食，並不需要因為交配就立刻給予高營養的食物。約到了第 5 週，接受早期懷孕檢查後，再更換為懷孕 ・ 授乳期用的高營養食物，慢慢增加飲食量。從 6 ～ 7 週開始，由於體內的幼犬急速成長，所以到生產之前，飲食量要比平常增加 20 ～ 30%左右。不過，隨著生產的接近，成長的胎兒會漸漸壓迫到胃腸，所以無法一次吃下太多的量。請多下點工夫，採取分成 3 次、少量給予的方式來餵食。

此外，肥胖在生產時很容易發生問題，所以一方面要給予營養價值高的食物，一方面也要注意適度的運動。

3 產箱的準備

讓母犬在安心、安靜的環境下生產是很重要的。因此須設置生產用的箱子。選擇寬度為母犬體長的 2 倍、深度為體長的 1.5 倍大的箱子。重點在於出入口圍起的高度要在母犬進出時不會碰觸到乳房或乳頭，等幼犬稍大一些、會到處爬行時也無法跑出來。

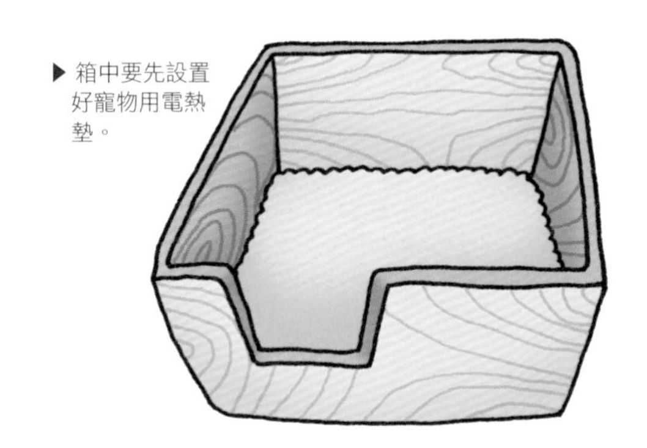

▶ 箱中要先設置好寵物用電熱墊。

設置的場所要在母犬能夠安心的地方。即使是家人聚集的場所，也以少有人經過的地方為佳。

放入產箱中的鋪墊可以用報紙或是厚毛巾、舊床單等。多準備一些更換的毛巾，如此就算生產時弄髒了也沒關係。先設置好寵物用電熱墊，以防幼犬的體溫下降。

因為是初次生產，總是感到不安。請告訴我生產時的注意事項。

雖然狗的生產被當做是安產的代名詞，不過小型犬和肥胖犬，或是胎兒數較少的情況，還是可能會發生問題。此外，初產和經產的母犬比起來，分娩所需的時間通常比較長，難產的機率也比較高。不管是選擇自然生產還是剖腹生產，為了替緊急狀況做準備，最好事先取得獸醫師或繁殖專家的協助。

快要生產時，母犬會出現搔撓地板、挖洞之類的行為，或是呼吸變喘等。此外，有時也會出現體溫下降、不吃飯、嘔吐等症狀。

1 生產的開始

漸漸開始陣痛。剛開始會出現微微的顫抖，同時呼吸加速。這種狀態會重複出現數次，陣痛慢慢增強，間隔也漸漸縮短。

接著是羊膜破裂，出現羊水流出的破水。隨著母犬使勁用力，被羊膜包覆的幼犬會從頭部開始出來。母犬隨即舔剝包覆幼犬的羊膜，咬斷臍帶，並且將幼犬身上的羊水舔乾淨，舔舐整個身體。這是為了要弄乾幼犬，溫暖牠的身體，並除去進入口鼻的黏液，幫助呼吸。母犬在分娩完成之前都不會讓幼犬喝奶，等到分娩全部結束、母犬穩定下來後，才會對幼犬進行哺乳。

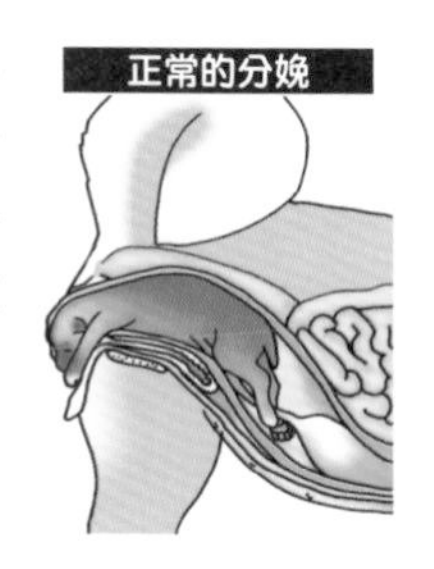

2 關於難產

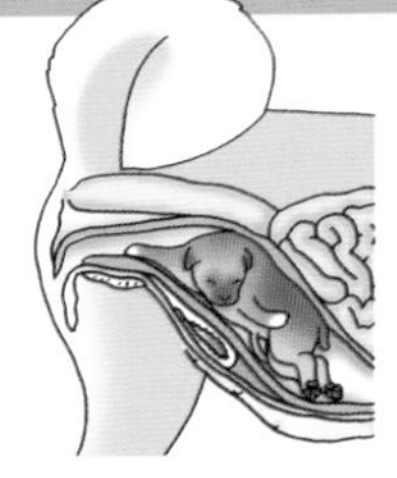

▶鼻尖沒有朝向產道時，頭部就會朝向下方。更進一步地，若是從前肢進入產道，分娩就會有困難。

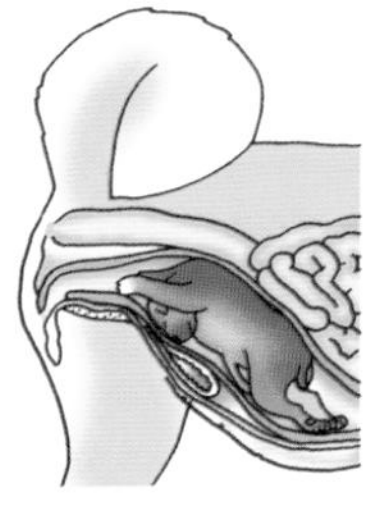

◀這是進入產道前頸部就彎曲的狀態。更進一步地，如果從肩膀先進入，分娩就會有困難。

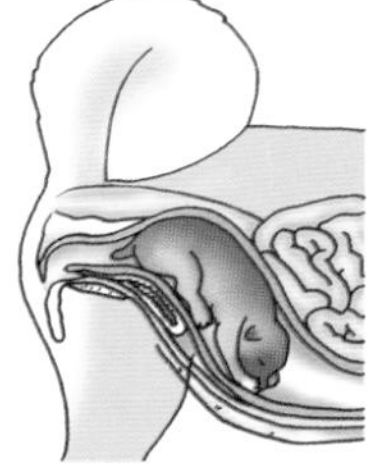

▶不是由後肢末端先進入，而是由尾巴或臀部先進入產道，一樣會有困難。

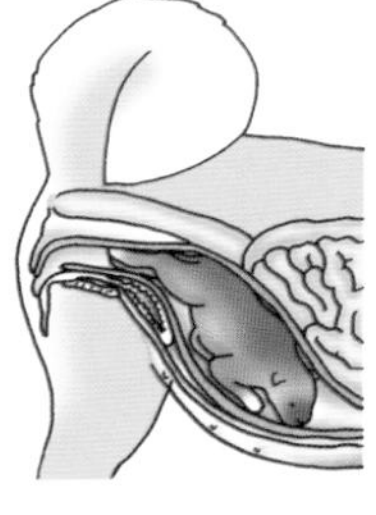

◀也就是逆產的狀態。在狗狗生產時還算常見，但如果由後肢先進入產道，頭部可能會受到阻塞而窒息。

3 新生兒的管理

剛出生的幼犬要先喝初乳。母犬應該會自然哺乳，這時要檢查一下是否有不會喝母乳的幼犬。如果有不會喝的幼犬或是母犬的乳汁分泌不足時，就要給予人工奶水。然後再視其需要，進行保溫和排泄的照顧。

關於保溫

出生不久的幼犬體溫比母犬低，只有 35 度左右；約需 40 天，體溫才會和母犬一樣。此外，因為體溫無法保持一定，所以保溫是不可缺少的。不過要注意，太熱也會對幼犬造成負擔。大致標準是將室溫保持在 24 ～ 27 度左右。

人工哺乳的方法

請將犬用奶粉依照所需分量加溫溶解到如人體肌膚的溫度。當虛弱或消化不良時，濃度要比標準再稀一些，或是在奶水中混入少量的葡萄糖。當母犬放棄育兒時，飼主約每隔 2 個小時就要餵奶一次。絕對不可餵食牛奶，因為牛奶和狗奶的營養價值、營養組成及消化率都是不一樣的。

幫助排泄的方法

出生後約 2 個禮拜之前，只要刺激肛門就會排泄。母犬若能舔舐給予照顧就沒有問題；當母犬不育兒時，就要由飼主來做。將面紙或紗布用溫水濕潤後，輕輕刺激泌尿器官。

健康檢查

每天都要測量體重。出生不久後的體重，有時會比剛出生時還輕。但在經過 3 天後，如果還是較輕，就必須注意。最重要的是，出生後 7 ～ 10 天，體重必須是原來的 2 倍。

為何母犬會放棄育兒？

主要原因有 2 個。一個是環境和平常不同，心情無法穩定下來等，這時母犬會將承受的環境壓力轉向幼犬。因此，生產時營造安靜的環境非常重要。另一個原因是在血統上天性就不會照顧幼犬。其中甚至有將剛出生的幼犬咬死的母犬，不過那樣的行為和性格都和遺傳有關。像這種咬死、吃掉幼犬的行為，即使再次生產還是會重覆發生，應視情況放棄使其交配。

如果是剖腹生產，在母犬由麻醉中清醒前，就要讓幼犬吸附住乳房，多少有助於讓母犬更容易接受當下的狀況。

若是母犬缺乏母性時，飼主會很辛苦，不過還是要代替母犬，幫牠完成育兒的工作。

避孕・去勢手術，要做？還是不做？

依照國家、獸醫師和狗狗狀況的不同，
判斷也會有所差異。最終還是要由飼主來決定！

避孕・去勢手術（中性化）的優點

♥ 若為母犬時

1）子宮蓄膿症的預防

此疾病是因為子宮內膜在每次反覆發情期時受到荷爾蒙的影響而發生變化，最後受到細菌感染，在子宮內發生蓄膿。狗狗和人類不同，沒有閉經，終其一生都有性周期反覆造訪，子宮內膜也會持續受到荷爾蒙的影響。通常多發生在老犬身上。

2）預防乳腺癌 ・ 卵巢腫瘤的發生

經過各種獸醫學研究已經證明，在初次發情期到來前施行避孕手術的母犬，罹患乳腺癌的機率幾乎是0%，而初次發情後再施行的是7%，第2次發情後施行的則是25%。不過，這並不代表第3次發情後再進行手術就會完全無效，尤其是已經發生乳腺癌的母犬，如果還沒有做過避孕手術，建議在切除乳腺癌的同時也施行避孕手術，就有可能預防新的乳腺腫瘤發生。

♠ 若為公犬時

1）預防睪丸腫瘤、圍肛腺瘤

去勢手術是取出陰囊中的2顆睪丸，所以能夠預防老犬常見的睪丸腫瘤。睪丸腫瘤在組織病理學上主要有3種類型，以前認為任何類型都是良性的，不過現在已經知道犬隻也會發生惡性睪丸腫瘤，而且經過長時間後也可能會轉移到腹腔內。

2）預防前列腺肥大

雄性的前列腺肥大稱為「良性前列腺增生（BPH）」。據某研究調查指出，未去勢的5歲以上公犬80%有BPH。還有，該比率會隨著年齡而增加。變大的前列腺容易引發前列腺炎。前列腺炎是因為細菌上行性經過尿道，感染前列腺而引起發炎的疾病。可分為疼痛激烈的急性和症狀不太明顯的慢性。

3）預防會陰疝氣

當公犬會陰部（肛門和陰囊之間）的肌力不足時，其內側可能就會產生疝氣。從外表看來，是在肛門的旁邊或兩側產生如大瘤般的鼓起，輕則會累積糞便，重則會讓膀胱掉入。因此，狗狗不僅會為不適和疼痛所苦，有些內臟器官若是進入該處，甚至還會攸關性命。可施行會陰部的肌肉整復手術來加以治療。

避孕・去勢手術的缺點

1）母犬的雌激素反應性尿失禁

這是因為尿道擴約肌的機能障礙，造成母犬在睡眠中或是放鬆時發生漏尿的情形。一般認為卵巢分泌的荷爾蒙雌激素因為避孕手術導致不足也是主要原因之一。根據報告，接受避孕手術的母犬有20%會發生這種情況，也可能發生在公犬身上。可能在手術後馬上開始發生尿失禁的情形，也可能在數個月～數年後才發生。

2）容易發胖

根據各種研究報告顯示，不管是公犬還是母犬，中性化的犬隻肥胖的發生率約為30%；而未中性化的犬隻則約為15%。尤其是母犬，據説做過避孕手術的犬隻會比未避孕的犬隻肥胖2倍。就母犬來説，雌激素這種荷爾蒙會影響食慾，所以當雌激素因為避孕手術而減少時，食慾似乎就會增加。一般都會建議在施行避孕・去勢手術後，儘速將飲食的熱量降低約20～30%。

3）麻醉 ・ 手術的風險

施行手術必須全身麻醉，不過有些飼主卻對麻醉非常不放心。所幸因為獸醫學的進步，現在已能使用非常安全的麻醉藥，手術中的監測設備也很精良，所以麻醉意外非常少。此外，近來獸醫師們對「鎮痛治療」的關心度提高，會從手術前就開始使用止痛劑。

♣ 行為學上的影響

例如，5～6個月齡大的公犬，睪丸分泌的雄激素濃度非常高，是成犬的7倍，所以這個時期可能會出現受荷爾蒙影響的問題行為，例如爭地盤或是對其他犬隻的攻擊性、頻繁的做記號行為、逃亡行為等。

作為治療問題行為的一部分，考慮施行避孕・去勢手術時，最好在行為確立之前、未滿1歲時就進行。如果過了這段期間後才施行，因為行為上已經完全確立了，所以手術的效果就比較有限。

chapter 7

老化的煩惱

即使是現在還很年輕的愛犬，終有一日也必須迎接
高齡期的到來。除了保持年輕的祕訣之外，
也趁現在來預習一下高齡期快樂生活的祕訣吧！

盡情四處奔跑的第二天，後腳出現無法使勁的樣子。這是愛犬已經年老的證據嗎？

追著球跑，或是和友好的散步同伴一起玩耍等，這些至今為止體驗過的快樂習慣，會深深刻畫在狗狗的記憶中。即使是在眼將進入高齡期的歲數，有時也會像年輕時一樣，不由自主地四處跑動吧！

這樣的日子到了隔天，愛犬的腿腰可能會出現疲勞。雖然也依犬種和年齡而有不同，但是以柴犬為例，若到了 11、12 歲，就可慢慢看出不能勉強身體的徵兆。想要避免年齡增加而造成的肌肉衰退，就要注意在身體還健康的時候養成適度運動的習慣，維持讓人感覺不到年齡的體質和體力。

在狗狗盡興跑動之後，何不試著將重點放在身體的照顧上。例如腿和腰的照顧，可以做一下按摩或伸展，有機會和設備的話，做做水療或許也不錯。也可以從平日就給予老犬專用的飼料，或是含有幫助關節的營養成分的食物。散步時進行適度的運動以免肌肉衰退，也是很重要的。

附帶一提的是，要注意適合老犬的生活，卻又不能因為牠是老犬，就以對待老犬的方式來對待牠，這才是避免愛犬衰老的祕訣。像是擔心牠的身體而節制散步，或是因為體力較差而不讓牠和其他的狗狗接觸、將睡覺的地方移到家人較少出入的安靜場所等，這些全都是錯誤的。請在不勉強的範圍內維持原來的生活節奏，而另一方面，對在意的部分也要用心地做出適合年齡的應對。

因此，請預先了解變成老犬後逐漸顯現的老化徵兆吧！在此，要從狗狗身體顯現的老化徵兆中，舉出幾個較具代表性的特徵，不妨作為參考。

可以從老犬身上看到的身體變化

覺得屁股變小了

隨著年齡的增加，肌肉衰退，臀部看起來也變小了。從前面看來，即使狗狗很有活力地走著，但是從後面看來，卻可能覺得臀部變小了。人也一樣，一般認為老化會充分顯現在背影上。到了讓人掛心的年齡後，偶爾不妨從後面看看愛犬的樣子來做確認吧！

身體或腳會發抖

白毛越來越明顯，毛質失去光澤，顯得乾燥粗糙

掉毛變多、容易產生皮屑

消瘦或是肥胖

因為消化・吸收機能降低，無法有效攝取營養；或是因為代謝機能降低，反而變得肥胖。

其他還有……

- 皮膚失去彈性，容易發生皮膚問題
- 眼睛白濁
- 似乎變得容易駝背、頭部下垂
- 有口臭
- 身體形成疙瘩或褐斑

從老化徵兆讀取讓人擔心的疾病

雖然說愛犬身上已經顯現了老化徵兆，卻不表示全部都和疾病有直接關係。只是，也不能將一切都認定是年齡增加所導致的變化，有時也必須懷疑可能是疾病造成的。所以從平常就要仔細觀察愛犬的樣子。

變化	實際顯現的和以前的差異或動作	需擔心的疾病
身體和體力的變化	・身體顫抖。站立時腳會發抖・運動時容易疲倦，有時不想運動・很少跑動，走路也顯得蹣跚。這時，偶爾會垂下頭或尾巴・走路時拖著腳，或是蹠球沒有完全著地，而是以腳踝端稍微扭轉的感覺來行走	關節炎／髖關節發育不全／韌帶損傷／神經疾病／心臟疾病
被毛和皮膚的變化	・白毛增加・被毛變薄・被毛顏色和鼻子顏色變淡・被毛的生長不佳	各種皮膚病
視力的變化	・眼睛變白・頻頻揉眼睛・對會動的物體無法快速反應	老年性白內障／角膜炎／結膜炎／青光眼

有時會出現步履蹣跚或是茫然看著家人的情形。這是老化的徵兆嗎？

不知道您家中的柴犬幾歲了，但一般認為小型犬約從 11 歲開始，老化就會加速。隨著年齡增加，在氣力和體力方面，或許都會一點一點地出現不同於以往的樣子。

老化是只要健康地活著，任何狗狗都會面臨的生理現象。但是年紀畢竟只是大致的標準，雖然說已經來到 11 歲了，也不需要對老化表現出過度敏感的反應。不過，如果看得出愛犬氣力衰退的話，最好在今後生活的各個方面都多加照顧才行。

只是，即使出現了某些徵兆，有時也未必全都是老化現象。因為其中有些很有可能是由某種疾病或受傷所引起的，卻出現了相同的狀態。不要將任何情況都歸咎於「因為年紀大了……」，先弄清楚根本原因才是飼主的責任。

要下正確的判斷，在於事先掌握知識，以及不懈怠的日常健康管理。是老化造成的影響？還是潛藏的疾病？只要有不忽略掉任何小變化的冷靜眼光，應該都能加以確認才對。為了讓愛犬度過健康的老年生活，請務必儘早發現老化及疾病的徵兆；如果是疾病，留心做早期治療是非常重要的。

接續前頁的「身體變化」，在此介紹的是老犬常見的「行為變化」。請和身體變化項目一起做成檢查表，仔細觀察愛犬日常的模樣，確認有沒有吻合的項目。

狗狗和人類的標準年齡換算表

將狗狗的年齡換算成人類的年齡後，大致如下表所示。請將愛犬的年齡換算成人類的年齡，想像一下狗狗相當於人的幾歲吧！還有，依犬種和個體的不同也會產生若干差異，所以只能作為大致的標準參考。

出生年數	1個月	1年	2年	3年	4年	5年	6年	7年	8年	10年	12年	14年	16年	18年	20年
小型犬	1歲	17歲	24歲	28歲	32歲	36歲	40歲	44歲	48歲	56歲	64歲	72歲	80歲	88歲	96歲
中型犬	1歲	17歲	23歲	28歲	33歲	38歲	43歲	48歲	53歲	63歲	73歲	83歲	93歲	103歲	113歲
大型犬	1歲	12歲	19歲	26歲	33歲	40歲	47歲	54歲	61歲	75歲	89歲	103歲	117歲	131歲	145歲

1 老犬身上出現的行為變化

上樓梯有困難，或是下樓梯有困難

有時候會覺得叫牠好像沒聽到

可能是聽力衰退，也可能是因為熱情、興趣變淡了，嫌麻煩而假裝聽不見。

動作和反應變遲鈍，不想動（玩），腳步蹣跚

對其他狗狗或異性、玩具、周圍發生的事情等顯得漠不關心、興趣索然。

後肢的步幅變得比前肢小

可能是腰部或後肢疼痛。

容易疲倦、容易喘氣

也有可能是循環器官的疾病。

2 排尿排便・排泄物的變化

排尿排便變得困難

擺好姿勢了卻很難上出來，或是上不乾淨。

其他還有這些……

大小便失禁

如廁變得頻繁

尿液和糞便散發和平常不同的氣味，顏色不一樣，有時會混有血液或黏液

為了幫愛犬抗老化，從還年輕健康的時候就該注意哪些事項呢？

所謂的「抗老化」是指從身體還健康有活力的時候開始，就先積極採取對抗年齡增加的預防對策。最近這個想法也頻繁地導入了狗狗世界中，出現大量的在狗糧或營養補充食品中加入抗老化效果的商品。

不要等有了年紀、出現老化現象後才慌慌張張地保養身體，這時才做健康管理已經太遲了。先設想好任何狗狗都會面臨的「衰老」現象，從年輕時就開始日積月累地進行抗老對策，自然能帶來愛犬的長壽。

做為鑑定健康狀態上的重要時期， 8歲這個年齡是一個大致上的標準。雖然還不到老年，但平日就要仔細觀察，看狗狗的身體和行動上是否出現和以前不同的變化。接著到10歲左右會是個轉捩點，有不少狗狗外表看起來好像很健康，但是腿腰卻已經無法隨心所欲地行動了。更進一步地，到了13歲、14歲後，身體管理必須更加小心翼翼才行；因為隨著年齡的增加，不只是身體的衰老，氣力衰退等也會日益明顯。

所謂的抗老，就是注意健康管理和疾病預防，也可以為愛犬提升生活品質。只要在生理面、心理面等整體性地積極投入抗老，不管到什麼時候，應該都能看到愛犬年輕有活力的模樣。具體的方法像是從早期階段就給予機能性狗糧、使用能幫助身體在意部分的健康食品、施予按摩等等。當然，還要定期接受健康檢查，諮詢獸醫師的建議，以了解生活上該注意哪些事項。

對抗老有效的健康食品

就事先預防的意義而言，能夠補充身體不足成分的「營養補充食品」，可以在愛犬邁入高齡期前就給予。請到平時往來的動物醫院詢問愛犬的健康狀態，有效地使用。

症狀	營養補充食品	特徵
關節的老化對策	軟骨素	由鯊魚軟骨等製成，可幫助軟骨等的修復，緩和關節炎症狀
	葡萄糖胺	由甲殼類的幾丁質製成，可修復軟骨並緩和關節炎的疼痛、腫脹
預防視力衰退	β-胡蘿蔔素	以用黃綠色蔬菜所含的黃色色素轉化成維生素A，可消除眼睛疲勞，保護黏膜
	葉黃素	類胡蘿蔔素的一種，抗氧化作用高，可保護眼睛，抑制水晶體和視網膜的氧化
預防老化	DHA	魚類所含的不飽和脂肪酸，在控制膽固醇或抑制痴呆的問題行為上有效
	EPA	魚類所含的不飽和脂肪酸，在防止血栓和抑制痴呆的問題行為上有效
	輔酶Q10	為體內細胞的輔酵素，利用抗氧化作用和免疫系統的活性化等來防止老化
改善肝臟機能	S-腺核苷甲硫胺酸	胺基酸的一種，可生成肝臟必需的抗氧化物質穀胱甘肽，改善肝臟機能

平日就要積極採取的抗老方法

所謂的抗老並不是把特別的事拿來當作每天的功課，日積月累的小小照料才是最重要的。對愛犬不經意的關愛表現，有助於延緩老化的速度。

❶ 給予機能食品或健康輔助食品

近來市面上出現了很多照顧身體各部位的營養均衡的食品，還有考慮犬種特性而誕生的機能食品。健康輔助食品也一樣，有很多都是專為狗狗而開發的製品。不妨針對愛犬在健康上有疑慮的地方，或是考慮其身體狀況和嗜口性，試著善加併用這些產品吧！

❷ 身心上都有適度刺激的生活

愛犬的日常生活中難免有各種壓力。雖然都以壓力稱之，但若是可以在生活中產生刺激的壓力，往往能為心理和身體帶來活性化。刺激嗅覺和腦部的遊戲、能遇見朋友的最喜歡的散步、吃好吃的食物、出去旅行等等，這些提高情緒的事物都會為身心帶來好的影響。

❸ 重視「互相注視」、「撫摸身體」

和愛犬互相注視、撫摸牠的身體、和牠説話，這些日常中不經意的接觸是很重要的行為。因為這表示牠備受最喜歡的家人的喜愛，心情好，當然健康。此外，撫摸也可以儘早發現身體的變化和疾病。

就柴犬來說，尤其是迎向高齡期後，需要注意的疾病有哪些呢？

不管是哪一種動物，只要迎向有了年紀的高齡期，身體的這兒那兒就會出現某些健康問題。就柴犬來說，讓人擔心的是從年輕時就常見的皮膚問題，還有在高齡期會特別明顯的失智症等，這些可以說都是讓人在意的疾病。失智症的情況可以使用下面的診斷標準判定表，注意儘量早期發現。

自然發生的生理老化加上疾病，會讓老化的速度變得更快。最好在愛犬迎向高齡期之前，就能事先了解關於身體和行為上會出現怎樣的變化，以及高齡時常見的疾病和症狀等知識。如此一來，當直接面對愛犬的健康問題或疾病時，一定能夠做出正確的應對。儘量及早應對是最重要的，所以平日就要觀察愛犬，以免忽略了小變化、老化的徵兆。

在飼主的心理準備上，最重要的並不是等愛犬生病後才帶去醫院，而是為了預防疾病而上醫院。從還健康有活力時就開始勤於進行身體管理，希望能儘量延長和愛犬一起生活的日子。

狗的「失智症」診斷標準判定表

項目	狀態	分數
食慾、下痢	1 正常	1
	2 飲食異常，但也會下痢	2
	3 飲食異常，有時會下痢，有時不會下痢	5
	4 飲食異常，但幾乎不會下痢	7
	5 飲食異常，不管吃了什麼、吃了多少，都不會下痢	9
生活節奏	1 正常 （白天活動，晚上睡覺）	1
	2 白天活動變少，夜晚和白天都會睡覺	2
	3 夜晚和白天都在睡覺的情形變多	3
	4 白天除了吃飯之外，好像睡死了一般，半夜到天亮這段時間會突然到處走動	4
	5 上記情況已經到了無法由人制止的狀態	5
後退行動（方向轉換）	1 正常	1
	2 想進入狹窄的地方，無法前進時就會想辦法後退	3
	3 進入狹窄的地方後，完全無法後退	6
	4 為3的狀態，不過若是在房間的直角角落就能夠轉換方向	10
	5 為4的狀態，即使在房間的直角角落也無法轉換方向	15
步行狀態	1 正常	1
	2 往一定方向漫步前進，變成不規則運動	3
	3 往一定方向漫步前進，便成旋轉運動（大圓運動）	5
	4 變成旋轉運動（小圓運動）	7
	5 變成以自己為中心的旋轉運動	9
排泄狀態	1 正常	1
	2 有時會弄錯排泄場所	2
	3 不在乎場所就排泄	3
	4 失禁	4
	5 躺著排泄（躺著直接失禁的狀態）	5
感覺器官異常	1 正常	1
	2 視力變差，重聽	2
	3 視力・聽力明顯變差，對任何事物都要依賴鼻子	3
	4 視力幾乎完全消失，會異常且頻繁地嗅聞氣味	4
	5 只有嗅覺變得異常敏感	6
姿勢	1 正常	1
	2 尾巴和頭部下垂，不過還能採取幾乎正常的起立姿勢	2
	3 尾巴和頭部下垂，起立時會失去平衡，搖晃不穩	3
	4 有時會茫然地持續站著	5
	5 有時會以異常的姿勢躺臥	7
吠叫聲	1 正常	1
	2 叫聲變得單調	3
	3 叫聲單調又大聲	8
	4 半夜到天亮之間的固定時間會突然吠叫，但某種程度上還能制止	7
	5 和4一樣，好像看到什麼東西般地開始吠叫，完全無法制止	17
感情表現	1 正常	1
	2 對他人及動物的反應似乎變遲鈍了	3
	3 對他人及動物沒有反應	5
	4 3的狀態，只對飼主勉強有反應	10
	5 4的狀態，對飼主同樣沒有反應	15
習慣行為	1 正常	1
	2 學習過的行動或習慣行為暫時性消失	3
	3 學習過的行動或習慣行為部分性地持續消失	6
	4 學習過的行動或習慣行為大部分都消失	10
	5 學習過的行動或習慣行為全部消失	12
	合計	分

第二次診斷基準的區分，30分以下為老犬，31～49分為失智症預備犬，50分以上為失智症發病犬（資料提供：ME Research Center）

老犬須注意的 4 大健康問題

「牙齒」的問題

疾病例）牙周病

牙垢不處理，日後就會發展成牙齦腫脹、發紅、疼痛的牙周病。如果更進一步進展的話，細菌可能會隨著血流而來到身體各處，影響包含心臟在內的各種臟器。從年幼時就要養成刷牙的習慣，有助於預防重大疾病。

「骨骼・關節」的問題

疾病例）骨關節炎、椎間盤突出、變形性脊椎症

隨著老化逐漸進展，肌肉和韌帶衰退，關節的軟骨也會慢慢磨損。為了保持適度的肌力，避免對關節造成多餘的負擔，注意肥胖和體重過重是很重要的。還有，不要只注意外表上的肥胖情形，體脂肪率的管理也要確實做好。等到關節疼痛後才處理的話，會更加麻煩。在發展成那樣的情況前，就多用心在平日的照顧上來做預防吧！

「循環器官」的問題

疾病例）二尖瓣閉鎖不全、心臟肥大、慢性心臟衰竭、氣管塌陷、支氣管炎、肺水腫

隨著老化的進行，心臟機能往往也跟著衰退。可能因為血管彈性變差，或是心臟瓣膜變形，出現各種功能障礙。例如，夏季時的散步中或是運動後，狗狗經常顯得氣喘吁吁的。這時，大部分都是暑熱所引起的脫水，血液也會變得濃稠。由於只要讓狗狗喝水就能獲得改善，所以一定要攜帶水壺——像這樣的照料也能預防疾病的發生。此外，隨著年齡增加，肌肉會漸漸衰退，而包含心臟在內的各個臟器必須要有肌肉才能確實運轉。因為有結實的肌肉才能將血液輸送到整個身體，心臟才能輕鬆動作。平日就要注意運動，以維持適度的肌肉。

「荷爾蒙」的問題

疾病例）糖尿病、甲狀腺機能低下、庫興氏症候群

最容易忽略的是甲狀腺機能低下。在身體代謝上負有重要任務的甲狀腺荷爾蒙分泌量一旦降低，就會導致各種症狀的出現。皮膚失去彈性、心臟功能變弱、經常躺臥、對事物不感興趣等等；乍看之下，和老化引起的變化很相似，飼主可能會以為愛犬「大概是老了吧！」而忽略疾病。當狗狗出現這些症狀時，必須先懷疑可能是此病。想要早期發現疾病，預先了解高齡期容易出現的疾病和這些症狀的相關內容是很重要的。

除此之外，老犬常見的疾病還有失智症、屬於眼睛疾病的白內障和青光眼、角膜炎，內臟疾病的腎臟機能障礙和肝臟機能障礙、膀胱結石、子宮蓄膿症，以及惡性腫瘤和皮膚病等。總而言之，都要注意疾病的早期發現、早期治療，在症狀變嚴重前給予適當的照顧。

到了13歲，連小小的階梯上下都顯得吃力。請告訴我平日在對待方法上應該注意的事項。

因為是13歲這個年紀了，所以沙發等的上上下下應該會變得非常吃力吧！和年輕時不同，反應和行動變得緩慢也是沒有辦法的事。年老帶來的現象是怎樣也無法避免的，所以請用些心思採取適合老犬的生活方式吧！

雖說如此，如果身體沒有不舒服的地方卻老是躺著，這樣也不太好。是單純地因為上了年紀所以對周遭不感興趣，使得躺臥時間變長？還是身體有什麼地方不舒服？弄清楚原因是很重要的。

就柴犬來說，稱為老犬的年齡大約是從11歲開始，即使沒有特別顯現出異常，也應該定期接受健康檢查。不管任何疾病，早期發現都能提高完全治癒的機率。如果在平常的健康檢查中身體沒有問題，那麼即使是老犬，適度的運動也是必需的。

不過，絕對不能像年輕時那樣從事過度激烈的運動。讓狗狗慢慢散步，去看看狗朋友們等等，不妨放慢步調來讓狗狗體驗年輕時喜歡做的事吧！

如果因為狗狗已經老了而過度保護、不讓牠活動的話，狗狗將會很快地完全老化。

1 創造適合老犬的生活環境

當狗狗的腿腰衰弱、變得不太活動時，就要在每天的生活中，為狗狗減短步行的距離。愛乾淨的狗狗，就算有點勉強，也會想在平常上的廁所排尿。幫狗狗減少那樣的負擔，也是對抗老化的一個方法。

2 即使「沒問題！」也要避免加重負擔

像樓梯之類的陡坡面，即使腿腰沒有問題，對老犬來說都是一種負擔。應該要避免激烈的運動。例如樓梯的爬上爬下等，柴犬最好還是避免。就算狗狗想自己上樓梯，也要加以協助。

3 儘量陪著牠、逗弄牠

對周圍的事物興趣缺缺，這也是老犬們明顯的傾向。視身體狀況等因素，如果已經不太能出去外面了，不妨在室內儘量陪牠玩吧！不管是梳毛、按摩，還是對牠說說話都很好。

4 好天氣的日子 用手推車帶牠去散步

狗狗們即使年老了，還是很喜歡去外面。就算因為腿腰不便，無法像以前那樣散步，依然可以用手推車等經常帶牠出去。做做森林浴、和狗朋友們玩遊戲等等，外部世界的各種刺激都可以讓狗狗們保持年輕。

國家圖書館出版品預行編目資料

柴犬的調教與飼養法 / DOG FAN編輯部編；
彭春美譯. -- 二版. -- 新北市：漢欣文化, 2019.10
160面；21X17公分. -- (動物星球；14)
ISBN 978-957-686-786-6(平裝)

1.犬 2.寵物飼養

437.354 108016607

定價320元

動物星球 14

柴犬的調教與飼養法（暢銷版）

編　　者 / DOG FAN編輯部
譯　　者 / 彭春美
出 版 者 / 漢欣文化事業有限公司
地　　址 / 新北市板橋區板新路206號3樓
電　　話 / 02-8953-9611
傳　　真 / 02-8952-4084
郵撥帳號 / 05837599 漢欣文化事業有限公司
電子郵件 / hsbookse@gmail.com
二版一刷 /2019年10月